湖北省学术著作出版专项资金资助项目
湖北省“8·20”工程重点出版项目
武汉历史建筑与城市研究系列丛书

Wuhan Modern Li-fen Residence Building

武汉近代里分建筑

（第2版）

徐宇甦　李百浩　陈李波　卢 天　编著

武汉理工大学出版社

图书在版编目（CIP）数据

武汉近代里分建筑／徐宇甦等编著 .—2 版 .—武汉：武汉理工大学出版社，2018.3
ISBN 978-7-5629-5742-3

Ⅰ.①武… Ⅱ.①徐… Ⅲ.①居住建筑－建筑史－武汉－近代 Ⅳ.①TU241-092

中国版本图书馆 CIP 数据核字（2018）第 041205 号

项目负责人：杨学忠
总责任编辑：杨 涛
责 任 编 辑：杨学忠
责 任 校 对：丁 冲
书 籍 设 计：杨 涛
出 版 发 行：武汉理工大学出版社
社　　　址：武汉市洪山区珞狮路 122 号
邮　　　编：430070
网　　　址：http://www.wutp.com.cn
经　　　销：各地新华书店
印　　　刷：武汉精一佳有限责任公司
开　　　本：880×1230　1/16
印　　　张：12.5
字　　　数：280 千字
版　　　次：2018 年 3 月第 2 版
印　　　次：2018 年 3 月第 1 次印刷
定　　　价：298.00 元（精装本）

凡购本书，如有缺页、倒页、脱页等印装质量问题，请向出版社市场营销中心调换。
本社购书热线电话：027-87515778　87515848　87785758　87165708（传真）

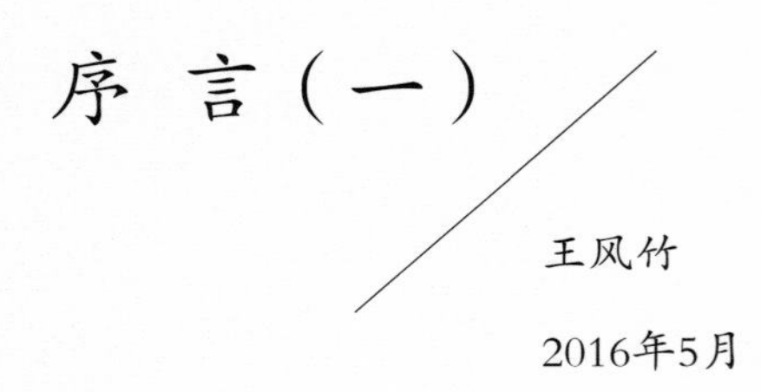

序 言（一）

王风竹

2016年5月

城市是在人类社会发展中形成的。在一个城市形成与发展的进程中，它遗留有丰富的文物古迹，形成了各具特
展脉络和文化特色的重要表征要素，其中近代建筑因其特殊的历史背景，在城市发展历程中被众多研究者所关注。
有受到西方建筑文化的影响。鸦片战争以后，西方以武力强制打开了中国闭关锁国的大门，西方文化成为具有强势
展变化。

武汉是一座有着3500年建城历史的城市，中国历史上许多影响历史进程的重大事件发生在这里。在武汉众多的
近代最重要的对外通商口岸之一，英国、德国、俄国、法国、日本等国相继在汉口设立租界，美国、意大利、比利
埠的持续繁荣，近代建筑在武汉逐渐蔓延开来，并逐渐成为武汉建筑乃至城市风貌的有机组成内容，其中包括宗教
近代建筑，经历了北伐战争、抗日战争、解放战争的洗礼，经历了现代大规模城市开发的吞噬，消失者甚众，但目
国重点文物保护单位20处（其中，汉口近代建筑群、武汉大学早期建筑皆包括多处独立建筑）、湖北省省级文物保
中山大道历史文化街区，其中蕴含着大量近代建筑）（以上皆为2015年底的统计数据）。

武汉的近代建筑，是武汉重要的文化遗产，蕴含着丰富的历史文化信息，是近代武汉城市社会状况的重要物证，
旧址（湖北咨议局旧址）、辛亥首义发难处——工程营旧址、辛亥革命武昌起义纪念碑、辛亥首义烈士墓等，是辛
军事委员会旧址、八路军武汉办事处旧址、新四军军部旧址、国民政府第六战区受降堂旧址等，都是近代重要的历史
武汉大学早期建筑群，是近代中西合璧建筑典型的代表，也是武汉大学校园作为中国最美大学校园的重要景观组成
因而显得尤为珍贵。

从"武汉历史建筑与城市研究系列丛书"的写作计划及已完稿的书稿内容来看，该丛书主要针对武汉近代建
关阐述与分析深入而全面，可以作为展示与了解武汉近代建筑的重要读本。同时这套书还有一个作用，就是让更多
畴，审慎地对待、探讨科学保护与更新的途径，让承载丰富城市历史信息的近代建筑得以保存下来、延续下去。最

史街区，荟萃了不同历史时期的各类遗产，从而积淀了深厚的文化底蕴。在各类城市遗产中，历史建筑是体现城市发
言，中国近代建筑指近代形成的西式建筑或中西结合式建筑。鸦片战争以前，清政府采取闭关锁国政策，中国基本没
外来文化，不同形式的西式建筑陆续在中国出现，西方建筑文化开始对中国产生巨大影响，加快了中国近代建筑的发

史遗产中，近代建筑是其中丰富而独特的一部分。鸦片战争以后，中国开始了工业化，进入近代社会，汉口成为中国
麦、荷兰、墨西哥、瑞典等国也相继在汉口设立领事馆（署），西式建筑文化开始大量传入武汉。其后，随着汉口商
、办公、教育、医疗、住宅、旅馆、商业、娱乐、交通、体育、工业、市政、监狱、墓葬等众多的建筑类型。武汉的
仍然较大，仍然是中国近代建筑保有量最多的城市之一，许多重要建筑与代表性历史街区仍然保存完好，其中包括全
60余处、武汉市市级文物保护单位60余处、武汉市近代优秀历史建筑201处、第一批中国历史文化街区1处（江汉路及

汉作为中国历史文化名城的重要支撑。其中，部分建筑具有全国性的突出价值和影响力，如辛亥革命武昌起义军政府
的重要遗址或纪念地；中共中央农民运动讲习所旧址及毛泽东故居、中共八七会议会址 、中共五大会址、国民政府
；汉口近代建筑群，是武汉近代建筑的重要代表，是武汉城市特色的重要构成，也是中国较为独特的城市景观之一；
。上述这些近代建筑是武汉近代社会精神文化的物质载体，从一个侧面体现了中国近代社会中一座城市的变迁过程，

要建筑类型，史料价值很高，所选案例比较具有代表性，技术图纸、现状照片能够反映武汉历史建筑的基本特征，相
学者深入研究，进而间接提醒城市的管理者深入思考，将这些近代建筑与其共处的历史街区及环境纳入整体保护的范
望该丛书以更为完美的结果，早日、全面地呈现给社会。

序 言（二）

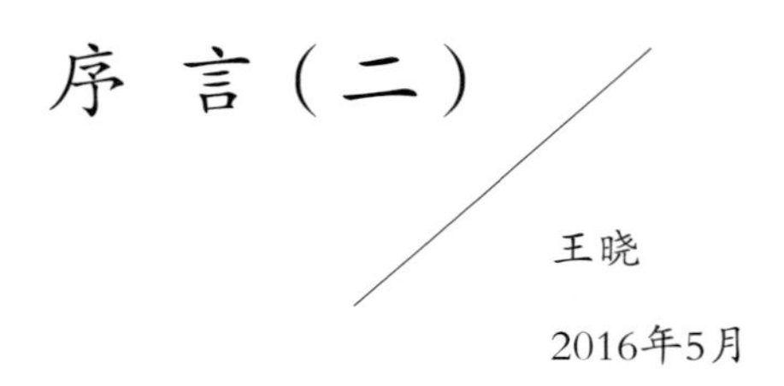

王晓

2016年5月

中国近代建筑，广义地指中国近代建设的所有建筑，狭义地指中国近代建设的、源于西方或受西方影响较大的
中国传统建筑体系的延续，二是西方建筑体系（主要包括西方传统建筑体系的延续及西方早期现代建筑体系，其中部
1~2层为主，所以在经历了近代多次战争及大多城市的现代野蛮再开发之后，在城市中已所剩无几。而属于西方近代建
之间，西方式样的近代建筑，在中国长期被视为殖民主义的象征，特别是租界建筑，大多被视为耻辱的印记，人们的
类建筑的历史文化、科学技术与艺术价值也逐步得到社会的广泛重视，保护力度日益加强。

在当代中国城市中，近代建筑保有量与原租界面积大小密切相关。在近代中国，上海、天津、武汉、厦门、广州
相关，并据初步调查，中国目前存有近代建筑最多的城市，当属上海、天津、武汉。

1861年汉口开埠以后，英国、德国、俄国、法国、日本等国相继在汉口开辟租界，美国、意大利、比利时、丹麦
武汉快速发展。民国末期，近代建筑已经成为武汉城市风貌特色的重要组成部分。目前，武汉的近代建筑保有量及丰
布在汉口沿江历史风貌区内；以武昌次多，主要分布在武昌昙华林历史街区及武汉大学校园内；其余零星分布于武汉
几乎涵盖了西方古代至近代的主要建筑风格，且不止于此，主要包括西方古典风格、巴洛克风格、折衷主义风格、西
期建筑群、湖北省图书馆旧址、翟雅阁健身所等，具有显著的中西合璧特点；如古德寺，完美地糅合了中西方与南亚

武汉近代建筑，还包括大批各级文物保护单位及武汉优秀历史建筑，充分说明了武汉近代建筑具有独特的价值；
市研究系列丛书”选择了其中最能反映武汉近代建筑特点的教育建筑、金融建筑、市政·公共服务建筑、领事馆建筑
等类型，以简明的文字、翔实的图纸与图片，展示了其中的典型案例。虽然其中仍然存在一些瑕疵，但作为相关建筑
点。

近20年来，武汉理工大学不断对武汉近代建筑进行测绘及研究，形成了大量相关成果，因此，此丛书不仅凝聚着
和房屋管理局及武汉市城乡建设委员会等政府部门的相关领导一直敦促与支持武汉理工大学深入进行武汉近代建筑的

。一般情况下，多指后者。广义的中国近代建筑，可称为“中国近代的建筑”。这些建筑，主要属于两大体系：一是
筑糅合了中国传统建筑的某些特征）。属于中国传统建筑体系的近代建筑，由于采用了相对较易受损的木结构，且以
系的中国近代建筑，由于结构相对不易受损，所以虽然损毁较多，但在部分城市中仍有较多遗存。约在1950—1990年
意愿淡薄，甚至不愿意保护；约在2000年以后，随着历史建筑大量、快速的消失，以及国人文化视野的逐渐开阔，此

江、九江、杭州、苏州、重庆等城市曾设有不同国家的租界，其中依次以上海、天津、武汉、厦门的面积为大。与其

兰、墨西哥、瑞典等国在汉口设立领事馆，外国许多银行、商行、公司、工厂、教会也逐渐在武汉落户，近代建筑在
，在全国仍然位于三甲之列，仍然是武汉城市风貌特色的重要组成部分。武汉现存的近代建筑，以汉口最多，主要分
。上述建筑，包括办公、金融、教育、医疗、宗教、居住、商业、娱乐、工业、仓储、体育等诸多类型。上述建筑，
期现代建筑风格、中西糅合风格等等，可谓琳琅满目、丰富多彩。其中，许多建筑具有较强的独特性，如武汉大学早
风格，即使在世界范围内也属较为独特的。
，还包括一些暂时没被纳入文物保护单位或武汉优秀历史建筑目录的，也具有珍贵的保护价值。“武汉历史建筑与城
馆·别墅·故居建筑、洋行·公司建筑、近代里分建筑、宗教建筑、公寓·娱乐·医疗建筑、饭店·宾馆·交通建筑
与设计的参考，作为建筑爱好者的知识图本，仍然具有较为全面、较为丰富、技术性与通俗性结合、可读性较强的特

者的心血，也凝聚着武汉理工大学相关师生的多年积累。近些年来，湖北省文物局、武汉市文化局、武汉市住房保障
，社会各界对武汉近代建筑的关注也不断升温，因此，此丛书的出版也是对上述支持与关注的一种回应。

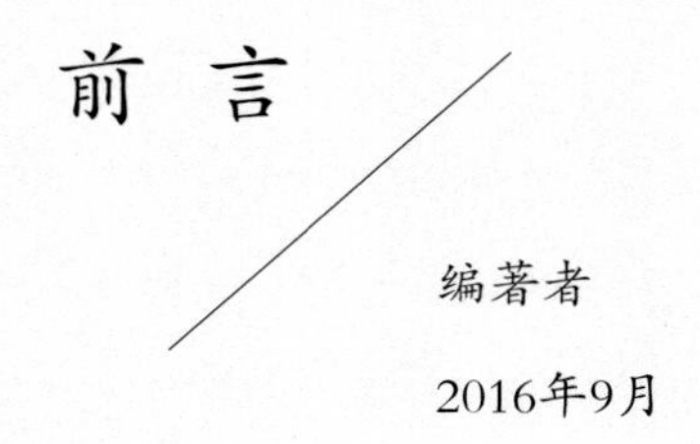

前 言

编著者

2016年9月

里分建筑是指19世纪末期汉口大量出现的一种供城市居民居住的低层多栋联排式住宅，是满足近代资本主义经

域文化交流的产物。本书主要介绍武汉尤其是汉口在开埠之后里分建筑的发展历程，并对里分建筑的艺术价值、建筑

本书着重探寻以下三个议题：

（1）以“历史信息”的真实性为要义，采用实地勘测与档案查阅相结合的方式，为武汉近代里分建筑建立详细测

广泛采集素材，反复分析、分类、筛选，精心构思编排，直至汇总，并以不同建筑类别收录建筑实物、资料保存

汉村，黄陂一里、黄陂二里等；图纸绘制以实地测绘为主，辅以历史考证与档案查阅，力求里分建筑信息的真实性、

①技术图纸部分

以实测线稿为主，具体包括建筑平面、立面、剖面、门窗大样、节点构造。

②建筑信息模型（SketchUp模型）与实景照片

照片部分与线图、细部大样相对应，力求全面、真实与直观地解析建筑；建筑信息模型，凭借相关软件建模，实

③文字描述

介绍和梳理武汉近代里分建筑的历史沿革与建筑特征。

（2）学术研究与大众普及并重，挖掘武汉近代里分建筑特征与脉络的同时，在市民中普及推广武汉优秀历史建筑文

通过文字、实测线图、实景照片、分析图相结合的表现形式，图文并茂地展现武汉近代里分建筑风采与特色，并

艺术欣赏价值与学术科研价值并重。这样做的目的是：

首先，在武汉市民中推介武汉里分建筑，扩大公众参与面，提升市民历史文化修养，同时将文化武汉的概念推向

其次，通过线描图纸、照片、建筑信息模型等直观的表现形式，为今后模拟展示武汉近代里分建筑提供平台与基

化与名城风采。

房地产经营方式而产生的一种新的居住形式，是武汉近代住宅史上一种早期的商品化住宅，是西方建筑文化与武汉地

、风格特征及建筑细部等加以总结与思考，希望借此为历史建筑的保护提供新的思路与启示。

纸与文字档案

完整的10余个案例，具体包括：三德里，泰兴里，坤厚里，平安里，新华里，延庆里，四美里，上海村，同兴里，江

性与代表性。所建立的武汉近代里分建筑档案，包括三个部分：

景、动态观察建筑外部与内部。

在照片、图形处理上做到构图新颖、表达准确、艺术性强，在文字部分则力求结构清晰、简明扼要、可读性强，实现

，进而走向世界；

毕竟许多建筑已时过境迁，市民已然无法亲身经历与参与）；同时，凭借互联网+的优势，无界域性地传播武汉优秀文

（3）采用分析图则的方式，对武汉近代里分建筑进行系统分析与归纳、整理

结合专业特点，本书主要采用分析图则的方式，通过相应资料梳理，对既有技术图纸进行图则分析。此做法的优

分析图则的构成和思路具体如下：

①基于建筑平面图的分析图则，主要包括建筑街道关系、建筑构图分析、轴线分析、建筑功能与流线分析等；

②基于建筑立面图的分析图则，主要包括体量分析、构图分析、设计元素分析等；

③基于建筑剖面图的分析图则，主要包括自然采光与通风分析、构造与结构分析等；

④基于门窗建筑大样与节点构造的分析图则，主要包括细节处理分析、构图比例分析等。

由于全书涉及内容年代跨度较大，资料搜集整理颇为艰辛，故书籍编写难免疏漏，不足之处恳请专家、读者批评指正

湖北省文物局、武汉市文化局、武汉市房地产管理局等单位对本书编著过程高度重视，并在具体测绘过程中给予

能及地提供后勤保障与支持，没有上述单位和领导的支持，本书的编著工作实难完成，在此一并表示感谢。

于：清晰明确与系统全面，对现今建筑设计具有较强的参照性和借鉴性。

力协助与支持；此外，武汉理工大学土木工程与建筑学院的各级领导与行政部门也极为支持本书的编著工作，并力所

目录

0
导言

导言 武汉近代里分建筑

武汉，因其良好的地理位置，自明清时期起便是商业性市镇。1861年汉口开埠后，城市从封闭走向开放，随着城市的扩张与房地产的资本主义商品化，十九世纪末期汉口出现了大量供城市居民居住的里分建筑。里分建筑改变了武汉原有的住宅建设模式，从分散的单栋住宅过渡到了多栋联排式住宅；同时，里分的街巷也塑造出了城市重要的肌理。武汉近代里分建筑是西方建筑文化与武汉地域文化交流的产物，它承载了大量的武汉城市历史文化信息，是武汉城市个性魅力的重要组成部分。

第一节 武汉近代里分建筑发展历程

武汉近代里分建筑的建设于19世纪末起步，在20世纪初发展最为迅速，停止于1940年代末期，先后发展了近一个世纪。里分的分布以武汉三镇中的汉口最为集中，其建筑成就与艺术价值也最高。在历经一百多年的使用后，现今依存的武汉近代里分建筑仍具有极其丰富的延承价值，尤其是社区氛围的营造、居住区的安静与可防卫性等方面。令人惋惜的是，随着城市建设和旧城改造，大量的里分建筑被陆续拆除，不复存在。

随着社会经济和科学技术的发展，在武汉近代里分建筑建设的过程中，建筑的形式和内容有了很大的变化，由早期的石库门发展到具有现代小区雏形的里分住宅。根据武汉近代里分建筑的形成背景和发展过程，可将其发展历程划分为初期、中期、后期三个时间段（表0–1）。

表0–1　武汉近代里分发展历程表

<table>
<tr><th>发展阶段</th><th colspan="2">历史背景及分布地段</th><th>形式与特征</th><th>代表里分</th></tr>
<tr><td rowspan="2">初期——产生
(1861—1910)</td><td colspan="2">鸦片战争后，汉口被迫开埠，外国领事馆建立，出现了城市建设高峰</td><td rowspan="2">三间两厢或两间一厢；居住环境较为简陋</td><td rowspan="2">同德里、新德里、文华里、智民里、海寿里、三德里、楚善里、泰兴里、华清里、德安总里、中孚里等</td></tr>
<tr><td colspan="2">租界及其附近地区</td></tr>
<tr><td rowspan="5">中期——兴盛
(1911—1937)</td><td rowspan="2">1911—1917</td><td>1911年汉口发生大火，汉口经济迅速复苏</td><td rowspan="2">建设规模较大；多为仿效西式做法的2~3层砖木结构联排式房屋；街面底商上住，街后联排式住宅，节省地皮</td><td rowspan="2">汉润里、寿春里、宁波里、义成里、三阳里等</td></tr>
<tr><td>接近租界的火灾区和空地</td></tr>
<tr><td rowspan="2">1917—1925</td><td>1917年由华商总会的买办们发起建设</td><td rowspan="2">建设规模较大；砖木或混合结构；功能齐全，样式新颖，空间灵活，户型标准多样，装修简洁精致；围合性强，建筑质量统一，有基础设施配套等</td><td rowspan="2">模范区:丰寿里、辅义里；
租界边缘或扩界区:辅堂里、坤厚里、昌年里；
单元式集合住宅:上海村</td></tr>
<tr><td>西起江汉路，东至大智路，北达京汉大道，南抵中山大道</td></tr>
<tr><td>1930—1937</td><td>1930年汉口特别市政府颁布严格的规划与建筑法规，建立近代行政管理体制，对城市建设实行综合管理</td><td>天井的应用更为广泛、灵活，明确规定主次巷宽度和分工；社区氛围开始形成</td><td>江汉村、洞庭村、大陆坊、金城里等</td></tr>
</table>

续表0-1

发展阶段	历史背景及分布地段		形式与特征	代表里分
后期——停滞消失（1938年至今）	1938—1949	受日本侵华战争的影响，建设基本处于停滞状态		无
	1950年至今	随着城市建设和旧城改造，大量里分建筑被陆续拆除		宁波里、如寿里、鄱阳里等

第二节　武汉近代里分建筑类型

一、按名称分类

武汉近代里分名称主要有：里、村、坊、乡四类。称为“里”的里分占90%以上，例如同兴里、坤厚里、鄱阳里、文华里、辅堂里等；称为“村”的有：洞庭村、江汉村、上海村等15个；称为“坊”的有：咸安坊、大陆坊等6个；称为“乡”的仅有同德里1例。

从具体名称上看，武汉的里分多以地名、人名、企业名及寓意吉祥字词等来命名（表0-2）。

表0-2　武汉近代里分的名称类型一览表

名 称	代表里分	备 注
里	同兴里、坤厚里等	占90%以上
村	洞庭村、上海村等	共计15个
坊	咸安坊、大陆坊等	共计6个
乡	同德里	仅此1个
地名	洞庭村、鄱阳里、胜利村等	分处洞庭街、鄱阳街、胜利街
人名	文华里、辅堂里等	文华里以基督教会牧师文华之名命名； 辅堂里为刘辅堂之子建造
建造企业名	金城里、大陆坊等	金城里由金城银行建造；大陆坊由大陆银行建造
寓意吉祥名	同兴里、兴康里、义祥里等	

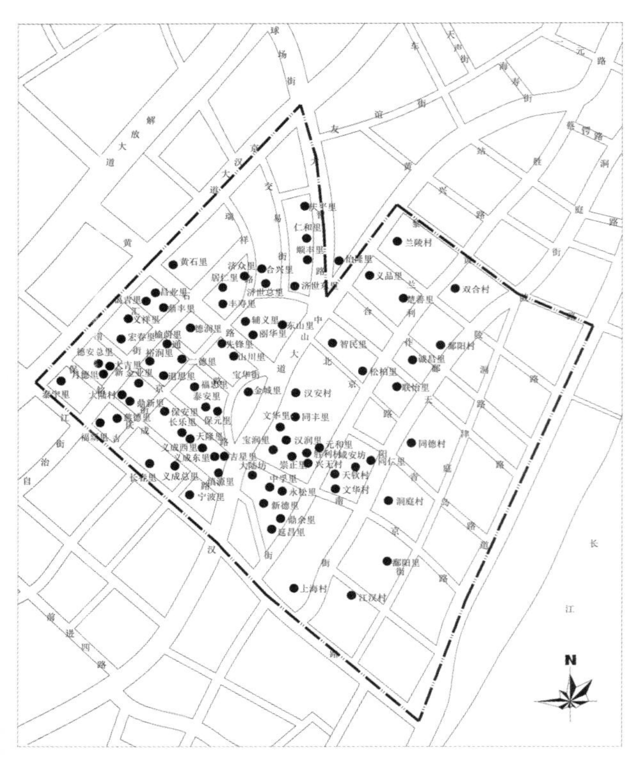

图0–1　武汉市江岸区近代里分建筑分布图（南京路、大智路区域）

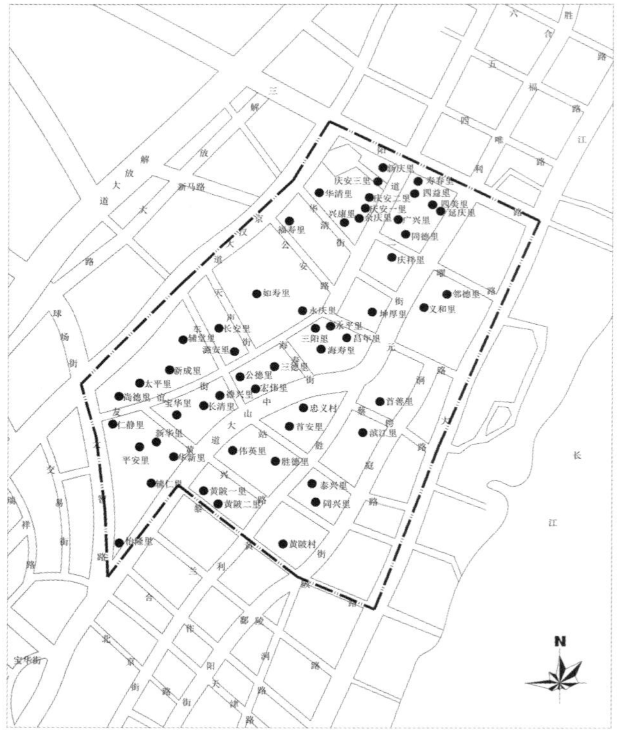

图0–2　武汉市江岸区近代里分建筑分布图（车站路、一元路区域）

二、按业主类型分类

表0–3　武汉近代里分的业主类型一览表

序号	业主类型		代表里分	备注
1	外国人	外国洋行建设	新庆里	20世纪20年代由法商义品洋行建房
2		教会建设	济世里	20世纪20年代由天主教投资建房
3		工商业资本家建设	泰兴里	1907年由白俄茶商投资建房
4	中国人	买办建设	生成里	法商立兴洋行买办刘歆生建房
5		华侨建设	贯中里	20世纪20年代初华侨伍瑞爱投资建房
6		金融银行占有	金城里、大陆坊	分别由金城银行、大陆银行投资兴建
7		保险业建设	联保里	由上海联保水火保险公司投资建房
8		会馆建设	庆余里、吉庆里	由绍兴会馆、吉州会馆投资建房
9		官僚军阀建设	仁静里	由黎元洪的庶务司长胡仁静建房
10		私人合资自建	三义里	20世纪20年代由唐、王、谢三家合建
11		私人合资委托建设	义成里	1915年由蒋广昌、胡庆余堂等开设的四成公司委托比商义品洋行建房
12		房地产商建设	长春里	1910年地产商袁云栋投资建房
13		工厂建设	汉成里	20世纪30年代由私营一纱厂投资建职员住宅
14		招商局建设	吉星里	20世纪30年代由招商局投资建职员住宅

第三节　武汉近代里分建筑特征

一、主要分布

自汉口开埠至1949年以前，武汉近代里分数量最高达208处，里分内房屋达3294栋，分布较集中的区域是汉口的江岸区（图0–1、图0–2）和武昌沿江工业地段。

二、总体布局

武汉近代里分内部通过主次巷道进行分割，住宅采用单元联排式布局，一般与主巷垂直。这种布局不仅便于邻里交往，也适合武汉夏季闷热、冬季湿冷的气候；整体环境具有一种和谐韵律，社区氛围极其浓厚。

从里分的建筑形态来看，它们不仅包含中国传统民居的形式，而且吸收了源于西方的总体联排式平面布局方式。这种平面布置方式，可以缩小或减少住宅间距，提高建筑密度，力争在一个用地地段上最大限度地增加建筑面积；另一方面，里分建筑是一种适应现代都市生活节奏、价值规律的居住方式，也是满足近代资本主义经济和房地产经营方式而产生的一种新的居住形式，可以说里分建筑是武汉近现代住宅史上一种早期的商品化住宅。

武汉近代里分的总体布局与路网形式可分为主巷型、主次巷型、综合型和网格型四种类型。各类型的特征及平面图示见表0–4。

表0–4　武汉近代里分总体布局和道路网形式一览表

类型		特点	代表里分	图示	建成年代
主巷型	两侧或一侧为住宅	只有一条主巷与城市街道相接，即“一巷一口或两口、一巷到底”，住宅大门直接面向主巷，住宅后门通向后巷	同兴里		1928年
			江汉村		1936年
主次巷型		只有一条主巷与城市街道相接，里分内有 次巷、支巷与主巷相通	新成里	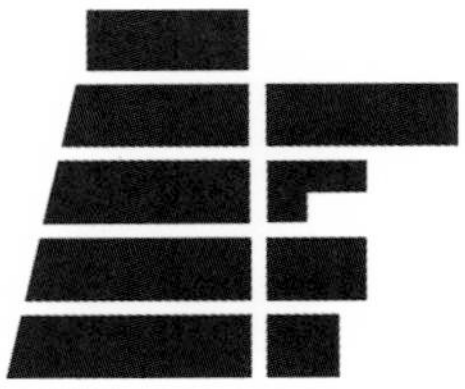	1921年
			上海村	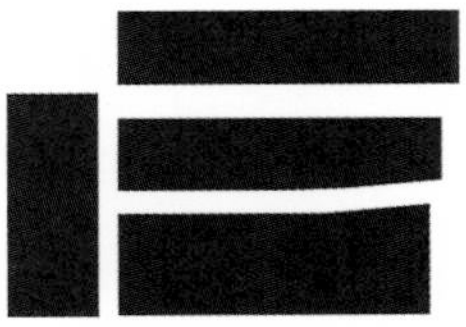	1923年

续表0-4

类型	特点	代表里分	图示	建成年代
综合型	具有两个以上的出入口与城市街道相通，主巷有时非直线状，里分内一部分次巷和支巷为尽端式等	咸安坊		1915年
网格型	主巷、次巷、支巷整齐划一，土地利用系数高，常常采取与城市街道正交的网格式道路系统	三德里	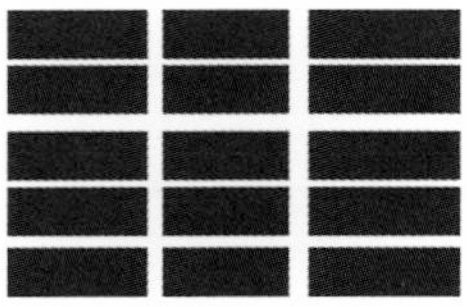	1901年
		坤厚里		1912年

三、单体布局

武汉近代里分的主要功能为住宅，少数为沿街底层商店型住宅。其单体平面布局紧凑，功能较齐全，围绕具有采光、通风功能的天井向心布置，每户住宅通过天井实现室内外互相渗透。里分内住宅在空间上整齐划一，秩序井然，多为两层，且净空高、进深大，外墙较厚，由设于中部的楼梯贯通上下层。

总体上看，前期里分建筑中大多数为独栋式住宅，或多栋联排组合，或两栋并联组合；后期开始出现类似今日“一底多户”的多层单元式住宅，如金城里、上海村。从开间上看，有三间式、二间式、二间半式、一间半式等平面形式，见表0–5。

表0–5　武汉近代里分的单体平面形式一览表

平面形式类型	代表里分及其平面示意图	特 点
三间式 (左为咸安坊37#，右为同兴里19#)		一般有前后两个天井；由前天井入户，中间为起居室（堂屋），后为楼梯，起居室两侧为卧室，后天井两侧为辅助用房；占地较大，后天井面向支巷或后巷
二间半式 (左为洞庭村22#，右为同兴里10#)		一般由中间半间入户，后为楼梯，楼梯两侧为卧室或起居室，后部为辅助房间。有时设后天井，有时无天井
二间式 (左为三德里38#，右为新华里6#)		这是一种量大面广的平面形式。一般有前后两个天井；由前天井入户，其中一间为起居室（堂屋），后为楼梯，另一间为卧室；后天井两侧为辅助用房
一间半式 (左为泰兴里3#，右为三德里2#)		一般由半间入户，后为楼梯，另一间为起居室和卧室；前为院子，后有天井，天井一侧为辅助用房；用于基地紧张或小户型的住宅

前天井　后天井　起居室　卧室　楼梯　辅助用房

四、天井

庭院是中国传统建筑必不可少的部分。在里分建筑中，天井起到了传统住宅中庭院的作用，使紧凑局促的空间增加了过渡层次。里分住宅是一种高密度住宅，建筑间距较小，缺少大面积室外空间，而天井的设置在很大程度上弥补了这一缺陷，使房屋室内外空间相互渗透，在心理上建筑密度被大大降低了。里分中常将相邻两户的天井或内院作毗连布置，有的还将各幢分户单元作前后及左右并连，这些能使天井或内院形成较大空间，从而扩大和改进深层房屋内部的通风和采光。

五、结构

武汉近代里分建筑的结构，大体分为砖木结构与混合结构两类。砖木结构中，用砖的部位有承重墙、分隔墙、围护墙等；用木材的部位有梁架、搁栅、楼梯、桁条、椽子、阳台、裙板及发挥连系、承重、支撑作用的穿枋、斜撑等。砖木结构在早期石库门民居中被广泛应用。混合结构除具有上述砖木结构外，还有一定数量的钢筋混凝土构件穿插其中。

早期武汉里分住宅多为两层楼房，采用接连成排的方式建造。单元结构为梁架承重，墙壁只是防风雨、挡火患，并作为居室左右、内外的分隔。限于当时条件，用料规格的大小、工程质量的好坏等只是凭经验判断，所以有些构件的保险系数较大，这也是早期里分住宅至今仍能继续使用的原因之一。

后期武汉里分住宅的建造方式、结构部件与早期里分住宅的基本相仿，仅在房屋层数方面出现了少量三、四层楼，但绝大多数还是两层楼。由于科学技术的进步和新材料的出现，使许多结构部件由早期的砖木结构变为混合结构（表0–6）。

表0–6　武汉近代里分建筑结构等级分类表

等级分类	代表里分	结构特征
普 通	三德里、昌年里	样式陈旧、设备简陋、屋外空间狭窄，由普通砖木、瓦料建造，内墙多为木柱架嵌五寸砖墙，木楼梯，木裙板，木大梁
中 等	智民里、同丰里	样式新颖、装修讲究，多为混合及甲种砖木结构，施工用料及内部装修较差，开始装设水电设施，或兼有院墙
高 等	上海村、江汉村	新式住宅，装修精致、设备齐全，施工用料讲究，多为部分钢筋混凝土结构，机制红砖，水泥缝或假麻石面外墙，平瓦或钢筋混凝土屋顶，内部装修精细，有基础设施

六、装饰

里分建筑装饰丰富多彩。作为一种住宅类型，里分建筑的空间形式与视觉形象大同小异，存在着广泛的共性；里分建筑的装饰，则往往是区别里分之间视觉形象特征的最主要标志。

在装饰的细部上，很多外来的观念和手法因经济适用、适应现代生活的需要而被广泛地接受和运用，加上我国匠师的革新与创造，使里分建筑中产生了许多西方色彩颇为浓重却又流露出中国传统文化痕迹的精巧作品（图0–3、图0–4）。

图0–3　坤厚里柱饰

七、入口

武汉近代里分各个入口都具有独特的风格，主要分为过街楼和牌坊式两种。使用过街楼联系里分内外，既可增加有效使用面积，也可增加入口的尺度，增强其标志性。过街楼的下面往往有半圆拱券，拱券多采用西方形式；有些过街楼的下面采用平顶，在门楣的正上方镶嵌里分的名称。采用中国传统的牌坊式入口，上面标明里分的名称，可识别性强。后期的巷口也有采用简洁的现代图案装饰的，其风格受西方装饰艺术派建筑的影响；还有一部分里分入口顶部开敞，装饰集中在门柱的浮雕上（图0–5~图0–7）。

图0–4　新华里柱饰

图0–5　江汉村入口牌坊

图0–6　新华里入口过街楼

图0–7　延庆里入口过街楼

图0-8　同兴里单体入口

单体建筑的入口也是形态多样，千姿百态，有很强的艺术性和观赏性。入口多采用石材，门头装饰形状有长方形、三角形、半圆形、弧形或组合形；其上的浮雕更是各不相同，既有采用中国传统吉祥图案的，也有西方古典的柱式、山花的，使得里分建筑有了极强的可识别性（图0-8~图0-10）。

图0-9　宏伟里单体入口

图0-10　江汉村单体入口

八、建筑文化

市民生活形态的变化使里分建筑的形式发展多样化；里分建筑的发展、完善反过来又在某种程度上改变了近代武汉人的生活方式与价值观念，对其形成与适应新的生活形态起到了重要作用。

武汉近代里分建筑体现了东西方文化的碰撞与交融，体现着一种独特的中西方文化“共生”现象。首先，里分的建筑形态，从早期里分看，似乎并未摆脱传统的民居形式，然而它的总体联排式布局却来源于欧洲。事实上，里分建筑中这两种模式（中国传统民居与西方单元联排式住宅）的共存，是其最重要的特征。其次，里分建筑的居住方式又不同于传统的四合院或南方天井庭院，它是为适应现代城市的生活节奏、价值规律，以及满足近代资本主义经济和房地产经营方式而产生的一种新的居住形式。联排式的平面布置，使昂贵的城市用地得到高效率的利用；紧凑的房间布局则体现出房屋价值的经济原则，让使用者能够以经济的方式获得最大的使用效能。

九、人文环境

武汉近代里分内部街道多为人行步道，尺度适宜（宽3~5m），并且与每个里分建筑的前院相连，使每个建筑的活动范围无形中扩展到了街道。在这个空间里，居民彼此交往，老人聊天闲坐，儿童嬉戏玩耍，坐在门前晒着太阳、说说家常；巷道空间成了家庭的延伸，使里分内的居民形成了一个没有亲缘关系却相处融洽的大家庭。

武汉近代里分建筑充分体现了建筑的人性化魅力，浓郁的生活氛围承载着武汉人特有的生活方式。这种典型的地方色彩，表现了人们心中对亲密的邻里关系及浓厚的社区氛围的向往，具有深厚的人情味。里分建筑的空间组织和建筑形态有着完整的艺术形象和深刻的文化内涵，家居生活的精神意义也存在于其所创造的形态之中，而形态则是生活含义作为意义存在的现实化表现。

01
第一章

第一章 三德里

三德里位于武汉市汉口中山大道北侧，车站街东侧，是武汉现存最完好、历史最悠久的里分建筑。三德里以主巷道为轴，左右各有6排石库门式两层楼房，共76栋，是武汉最大的里分建筑之一。《武汉地名志》记载："清末民初，由三兄弟合资建房成里，并在此开设三德堂商号，故名三德里。"

第一节 历史沿革

三德里历史沿革

时　间	事　件
1901年	上海浙江财团刘贻德兄弟三人合资建房
1927年	中国共产党著名的妇女运动领袖向警予居住于三德里27号楼
1962年	房管部门对三德里进行大修
1967年	三德里改名红光里
1972年	复名三德里
1983年	房管部门对三德里进行大修

第二节 建筑概览

三德里的开发者刘氏三兄弟，于1901年在今海寿街、友益街、中山大道围成的范围内，合资建房成里，并开设三德堂商号，故名三德里。兴建三德里的目的是为了出租获利。当时，三德里共有两层砖木楼房112栋，红瓦坡顶，排列整齐，一般为三间两厢或两间一厢，细部构造带有地方传统做法。

三德里道路系统呈网格型布局，含有横向、纵向及环形多条巷道，主巷道宽6~7m，次巷宽约4m，支巷不足2m。由于布局合理，三德里虽毗邻繁华闹市，街巷内却分外宁静。由于建筑墙体厚、楼层高，加上坡顶夹层，建筑内部冬暖夏凉。三德里房屋装修简洁，里弄住宅多用于出租，细部未作过多雕琢和修饰。这种建筑形式促使邻里关系密切，里分建筑内部利用主、次巷道作为进出通道，通道可以开展各种休闲活动，由此形成了邻里交往场所。

三德里照片详见图1-1~图1-8所示。

图1-1　三德里鸟瞰图

图1-2　主巷空间

图1-3　建筑立面

图1-4　向警予故居

图1-5　支巷空间

图1-6　次巷过街门

图1-7　次巷过街门

图1-8　门细部

第三节　技术图则

依据建筑实测图纸，部分辅以三维建模，用技术图则方式解析三德里建筑的环境布局、平面布置、功能流线、围护结构、采光及通风等规划建筑诸元素。

三德里技术图则详见图1-9~图1-38所示。

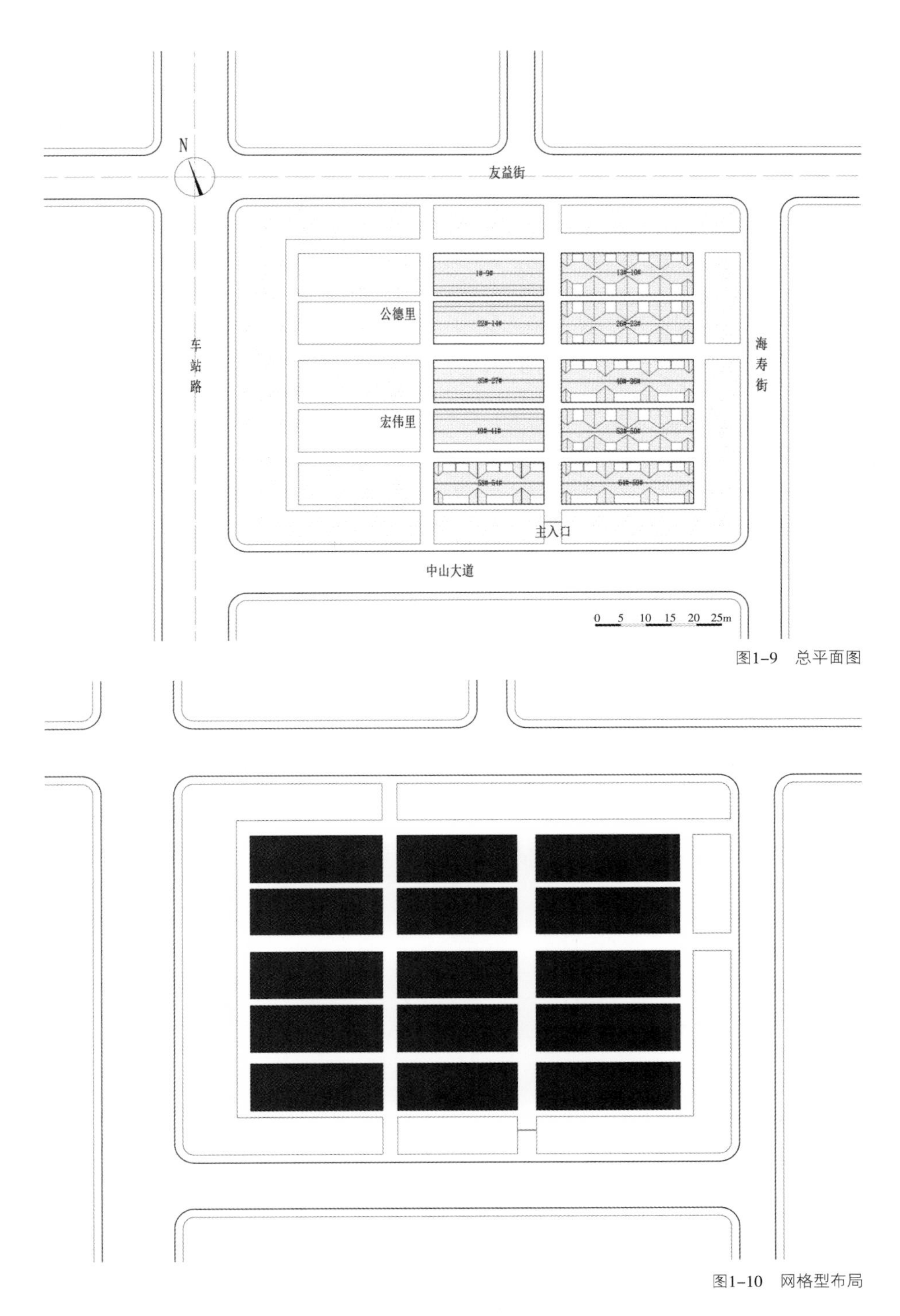

图1-9　总平面图

图1-10　网格型布局

◆　主巷、次巷、支巷整齐划一，土地利用系数高，采用与城市街道正交的网格式道路系统。

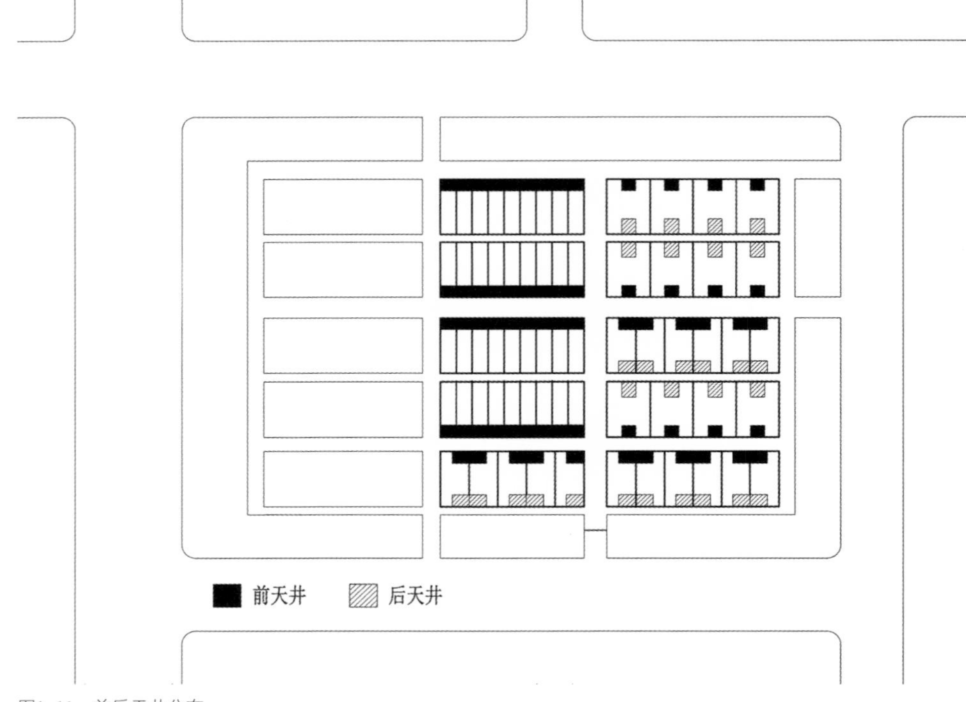

图1-11　前后天井分布

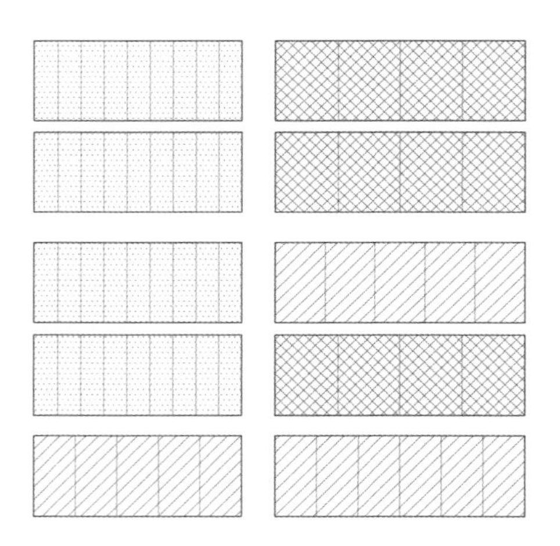

单开间　双开间　三开间

图1-12　户型分布

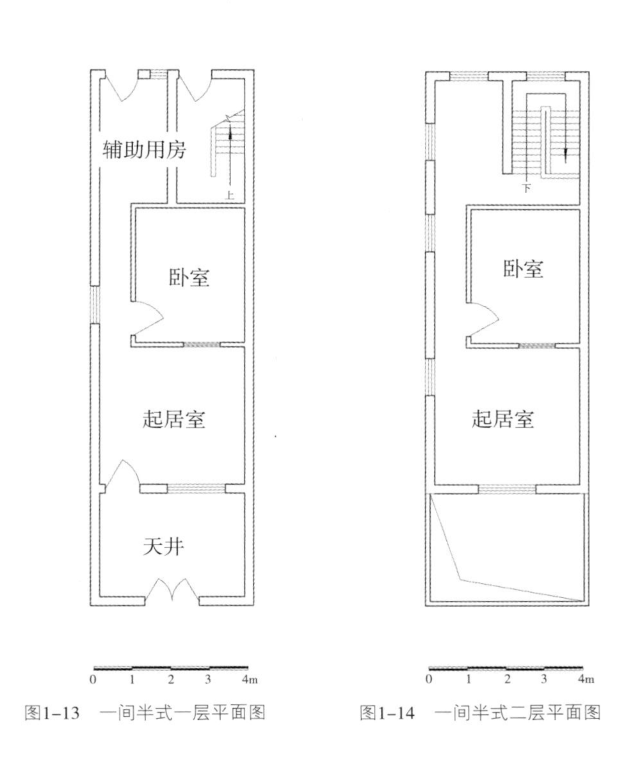

图1-13　一间半式一层平面图

图1-14　一间半式二层平面图

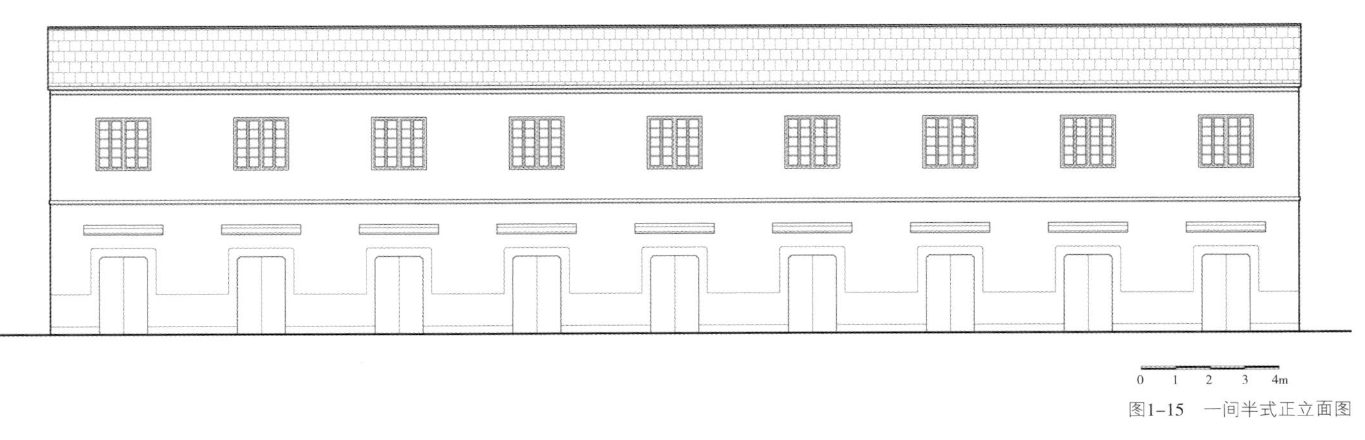

图1-15　一间半式正立面图

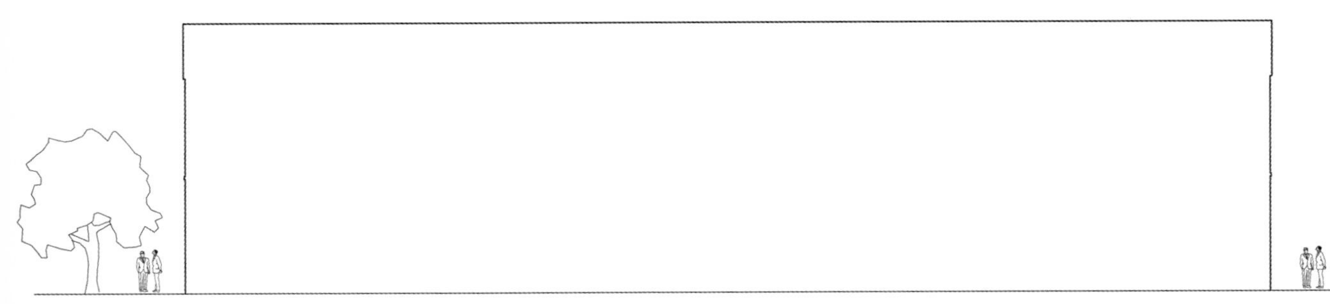

图1-16　建筑体量

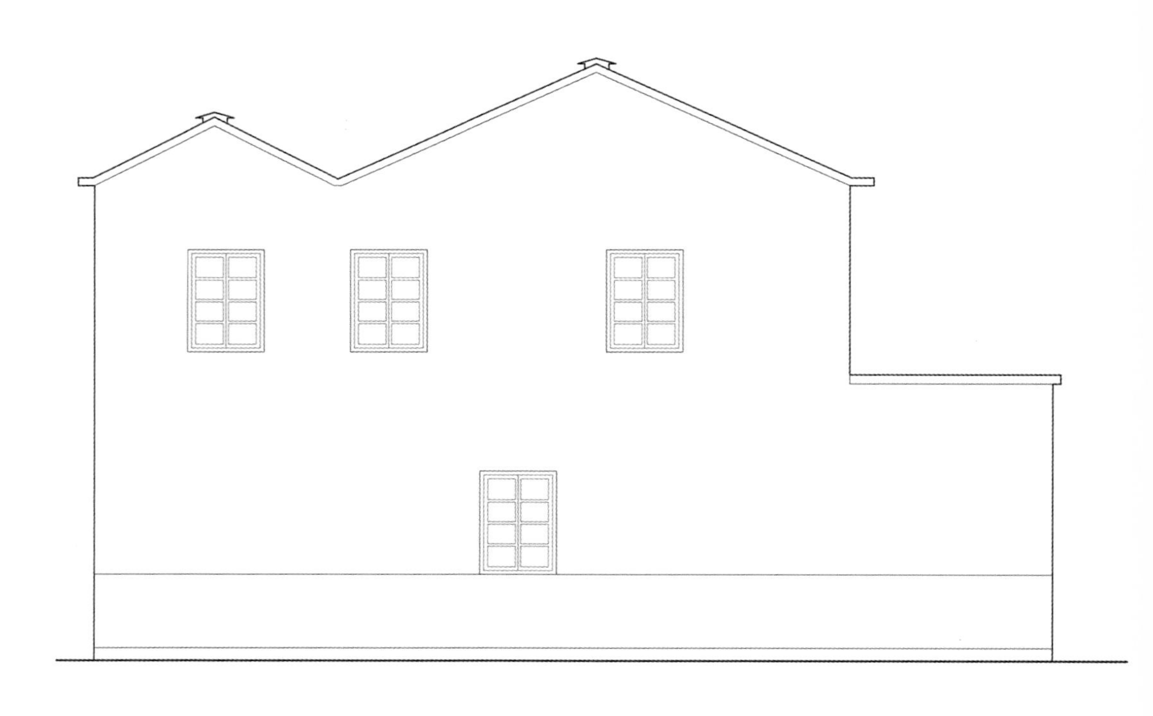

图1-17　一间半式侧立面图

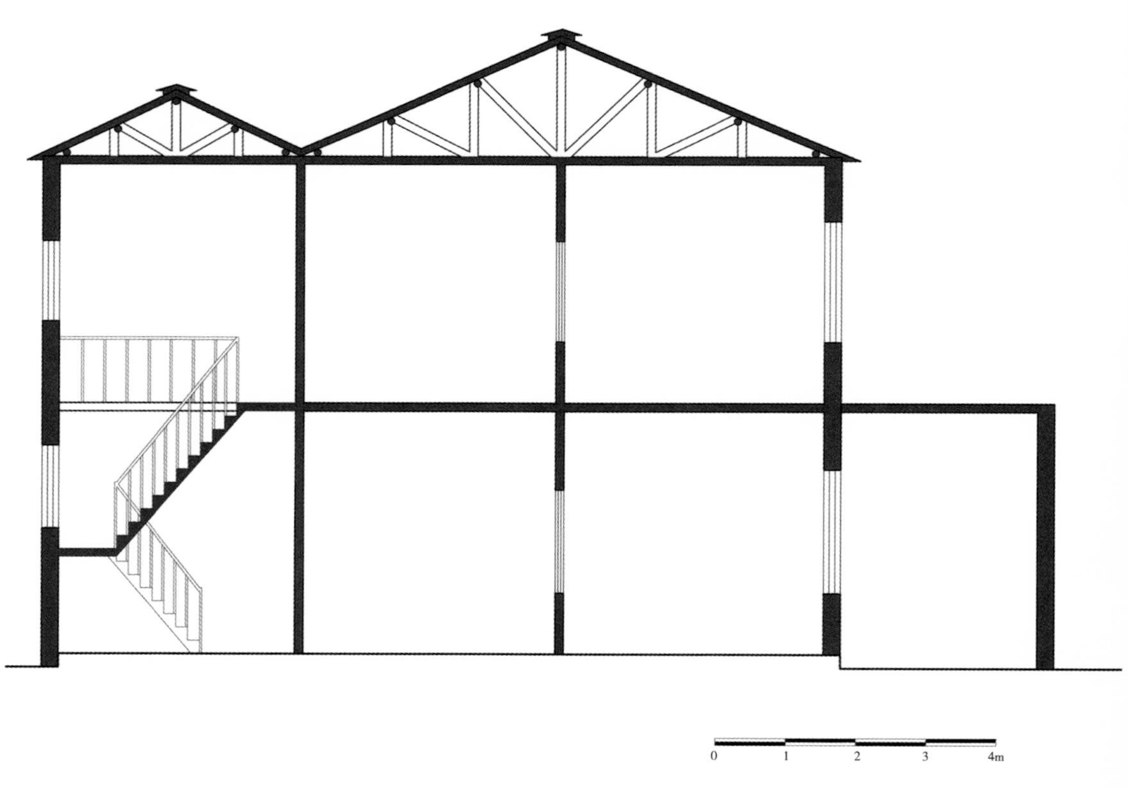

图1-18　一间半式剖面图

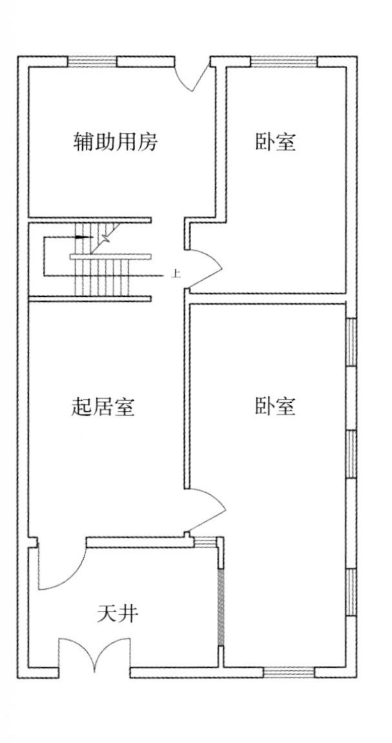

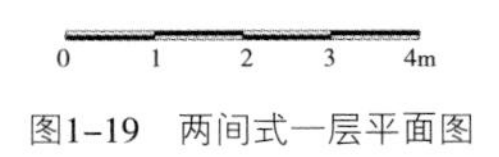

图1–19　两间式一层平面图

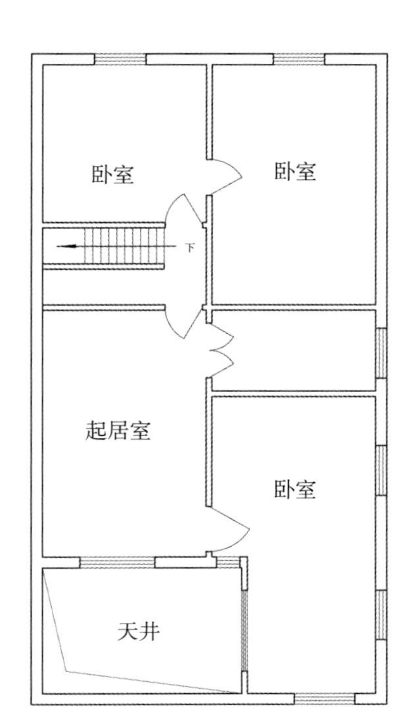

0 1 2 3 4m

图1–20　两间式二层平面图

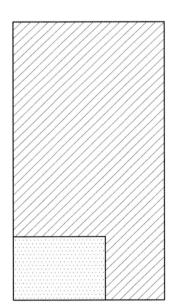

灰空间

室内

图1–21　灰空间

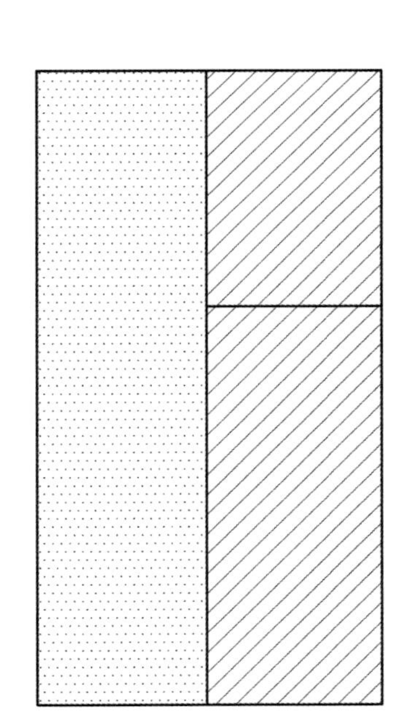

私密空间

公共空间

图1–22　公共空间与私密空间

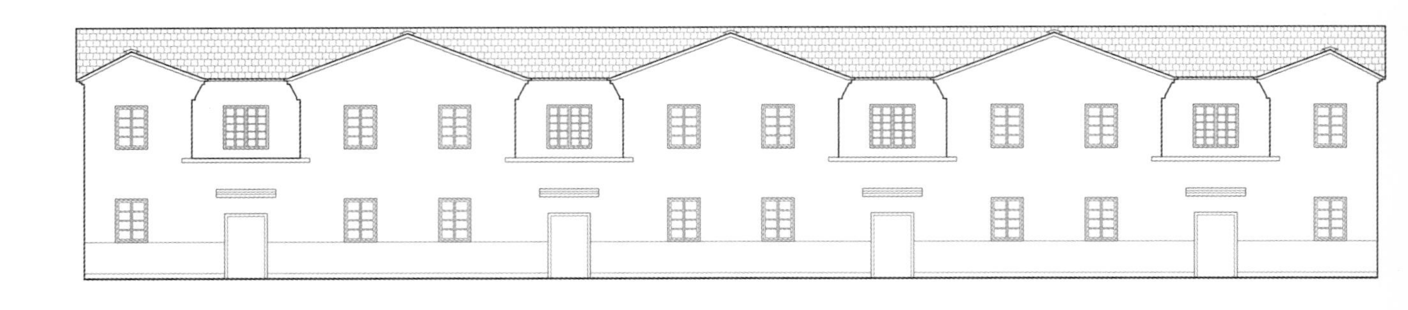

图1-23　两间式正立面图

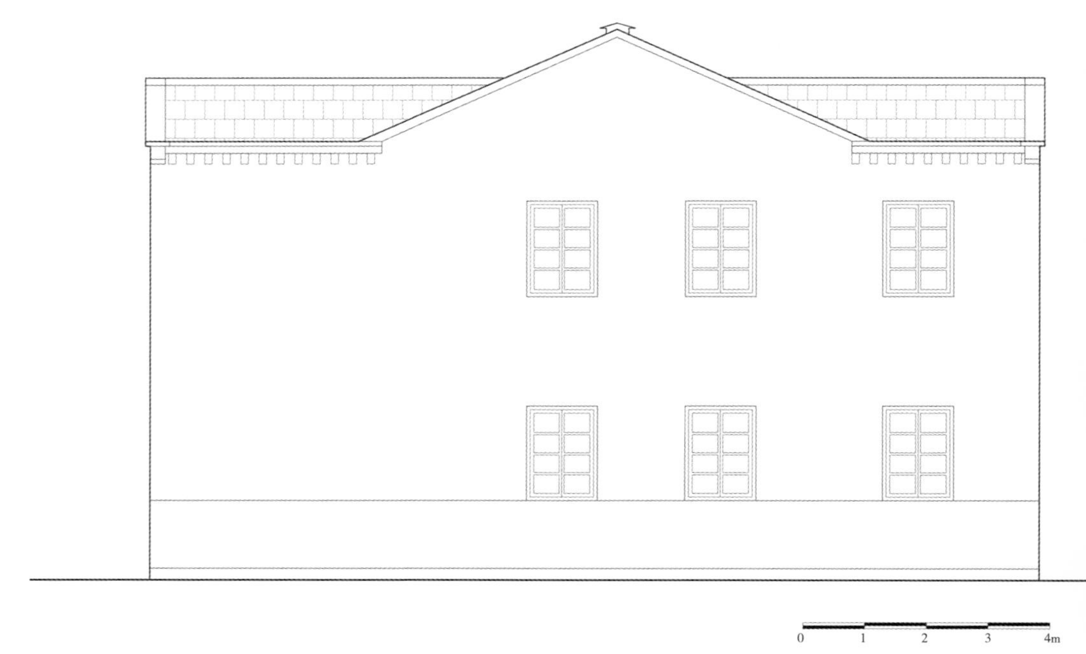

图1-24　两间式侧立面图

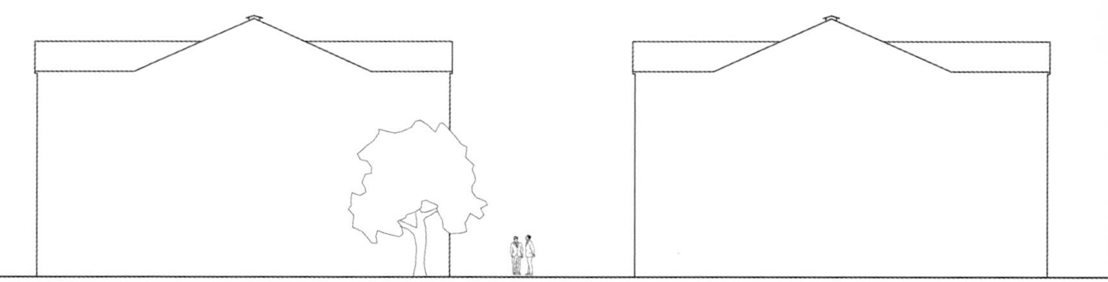

图1-25　街巷空间

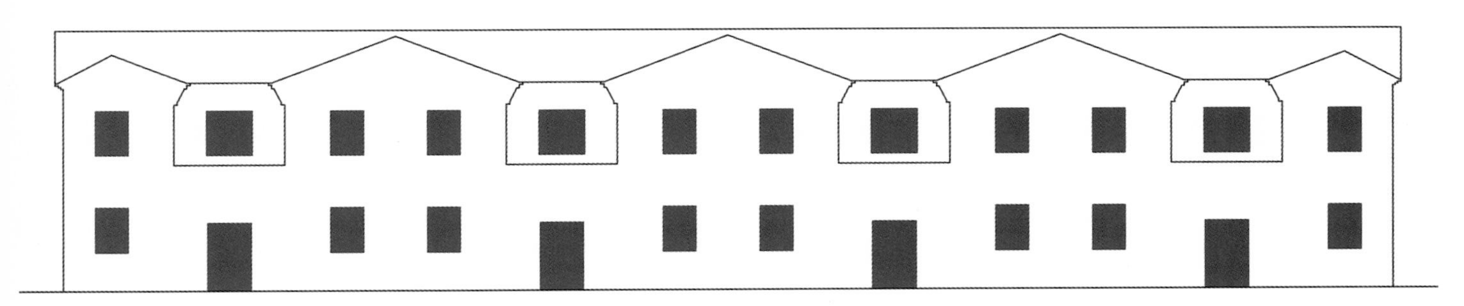

图1-26　立面凹凸

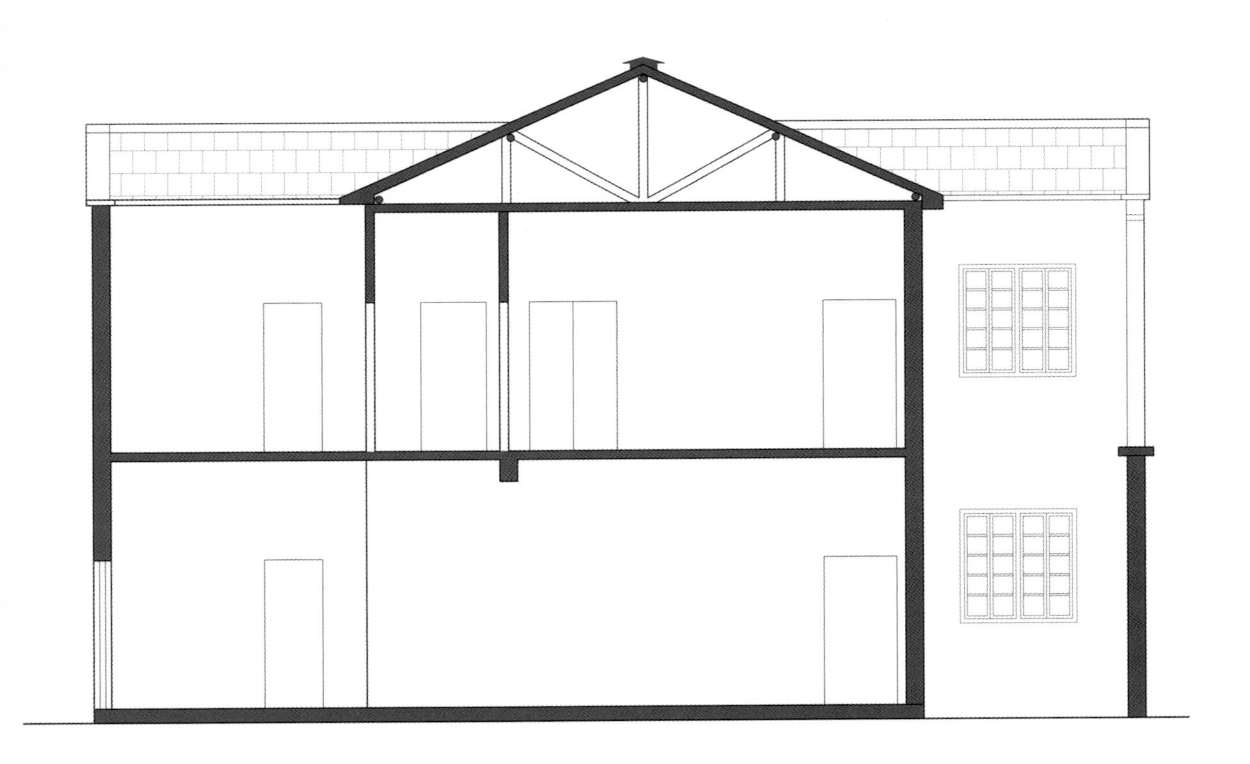

0　1　2　3　4m

图1-27　两间式剖面图

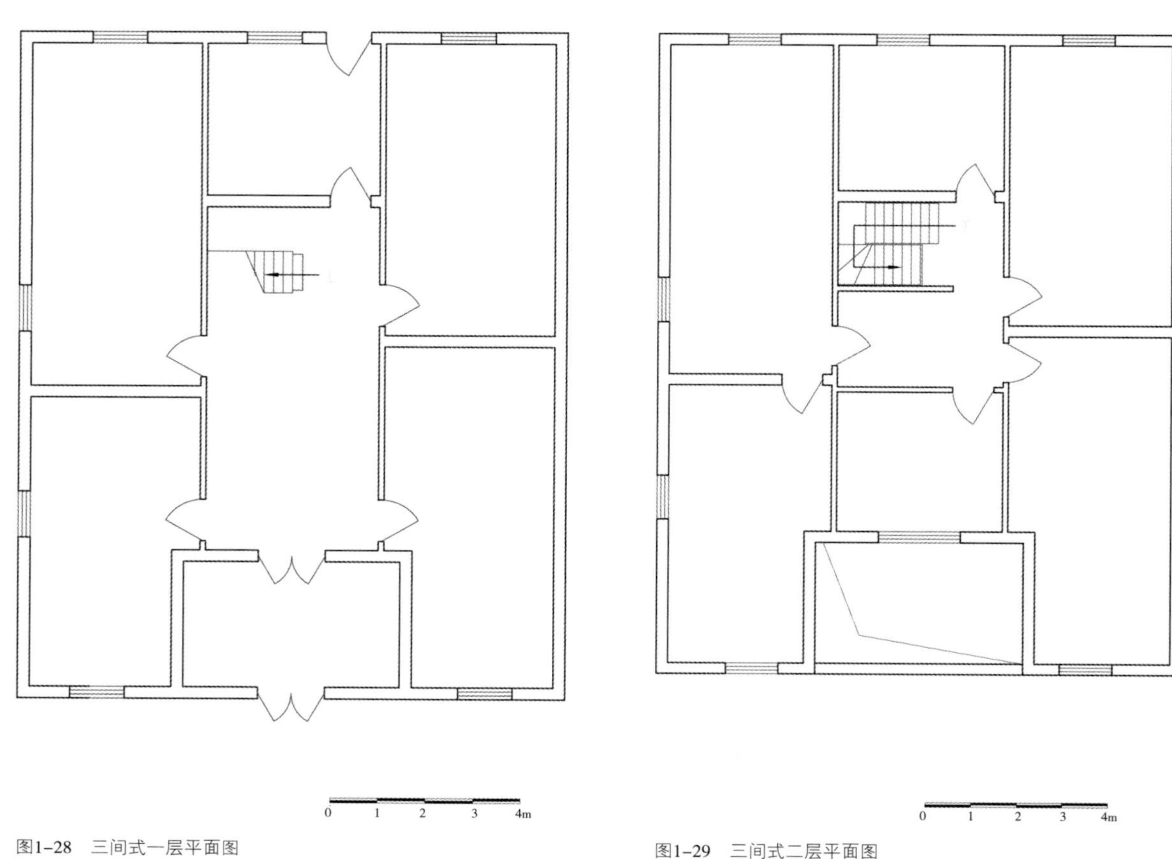

图1-28　三间式一层平面图

图1-29　三间式二层平面图

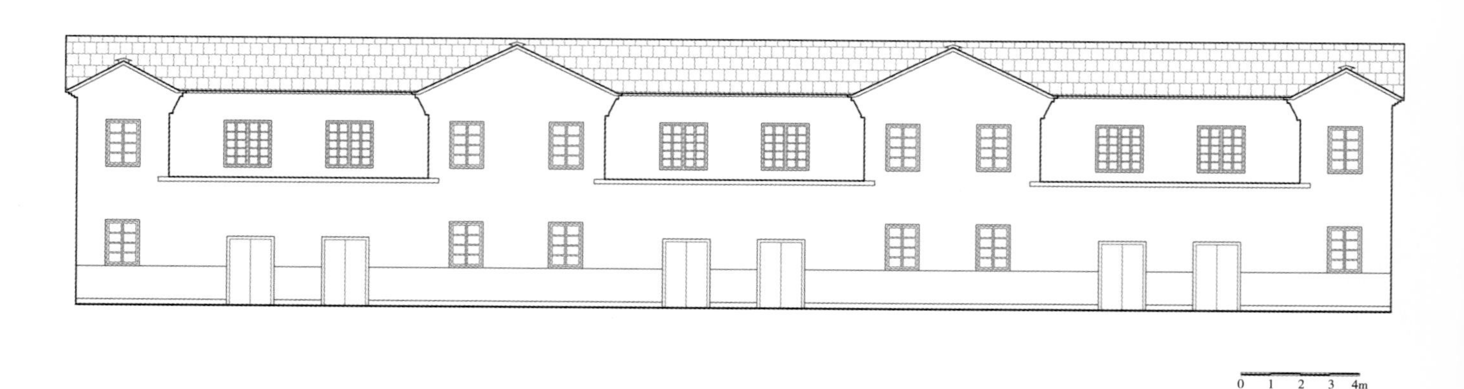

图1-30　三间式正立面图

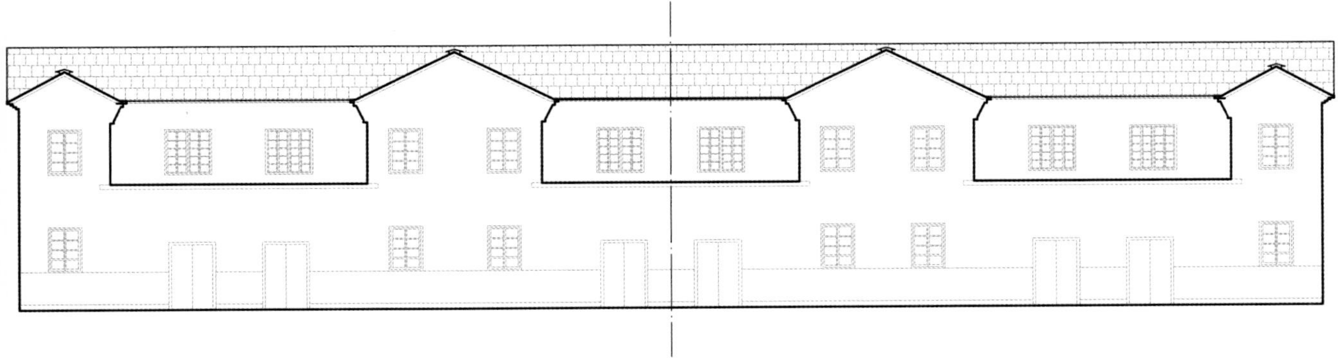

图1–31　对称与均衡

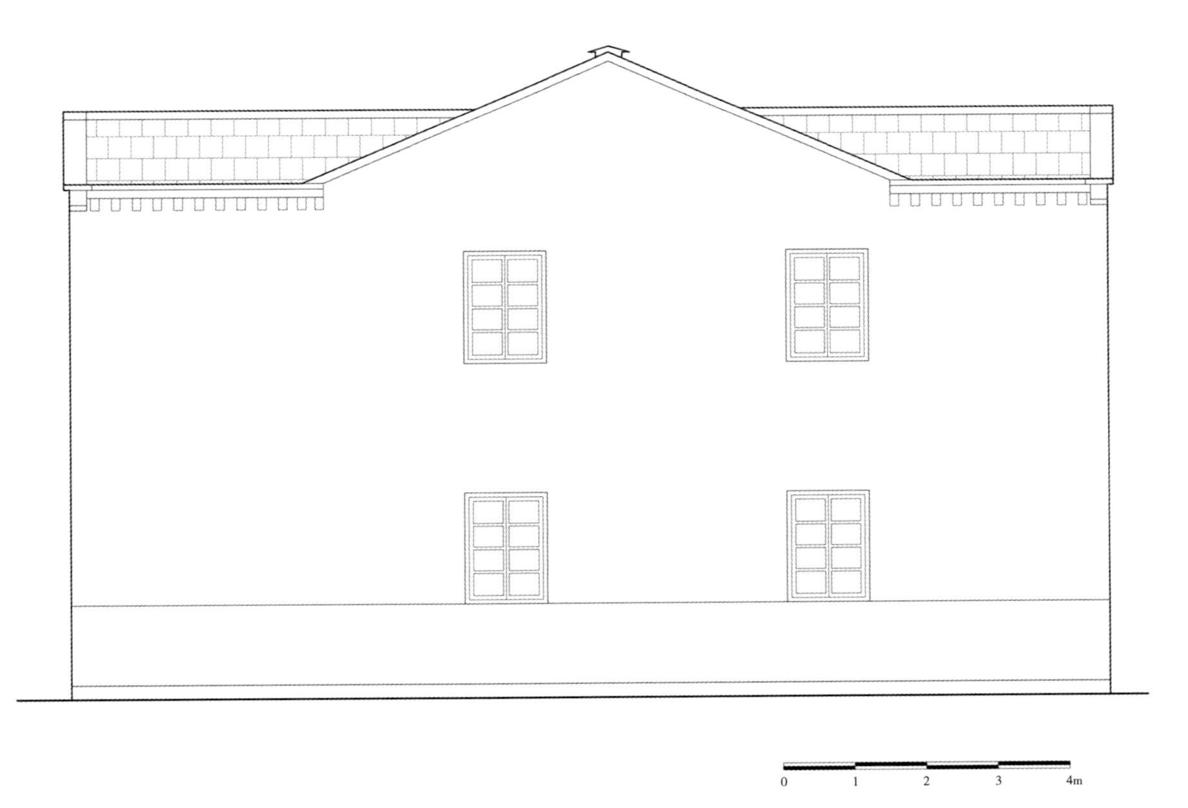

图1–32　三间式侧立面图

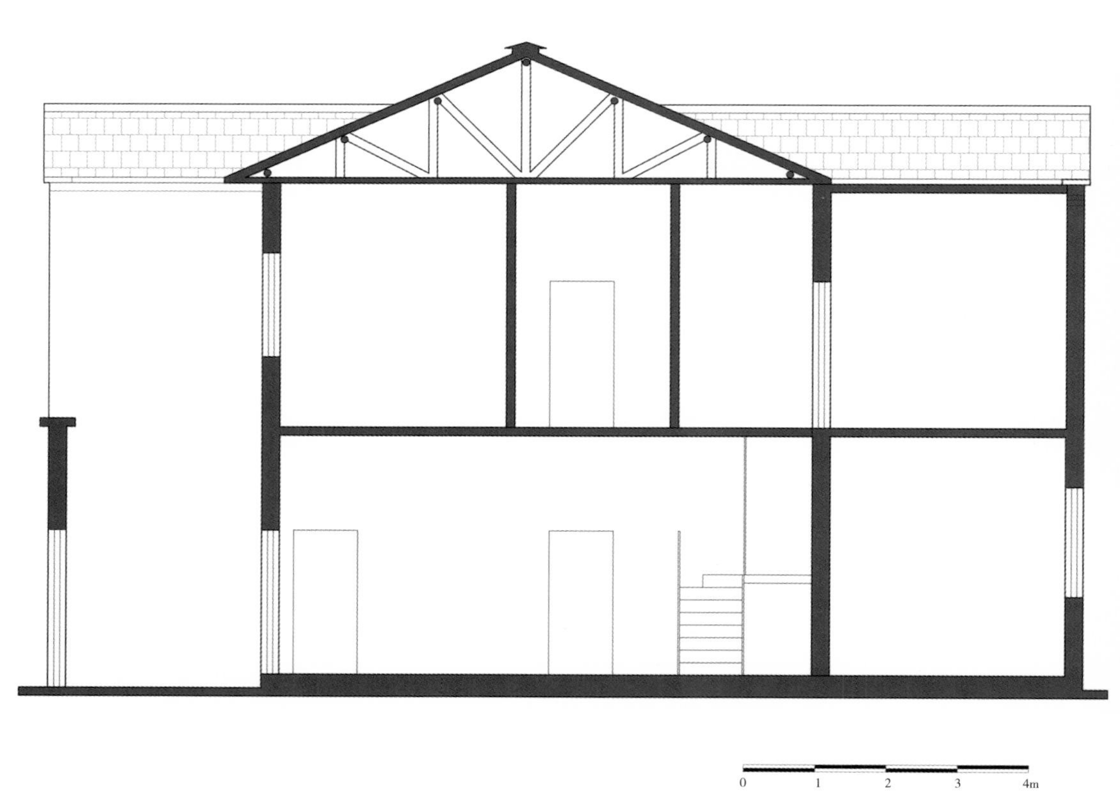

图1–33　三间式剖面图

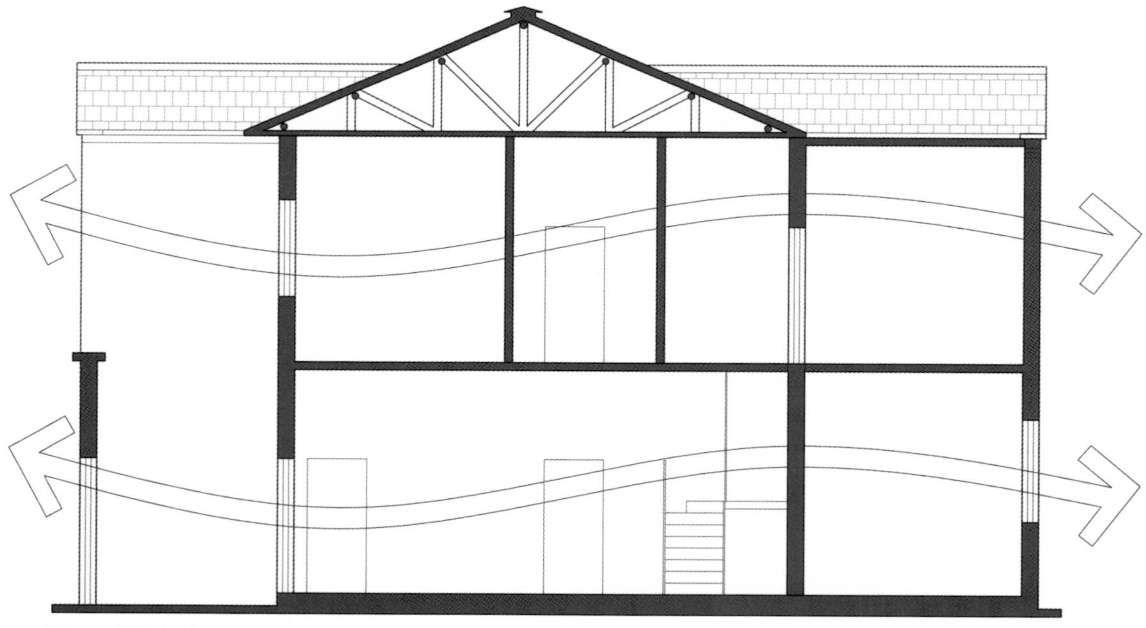
图1–34　通风分析

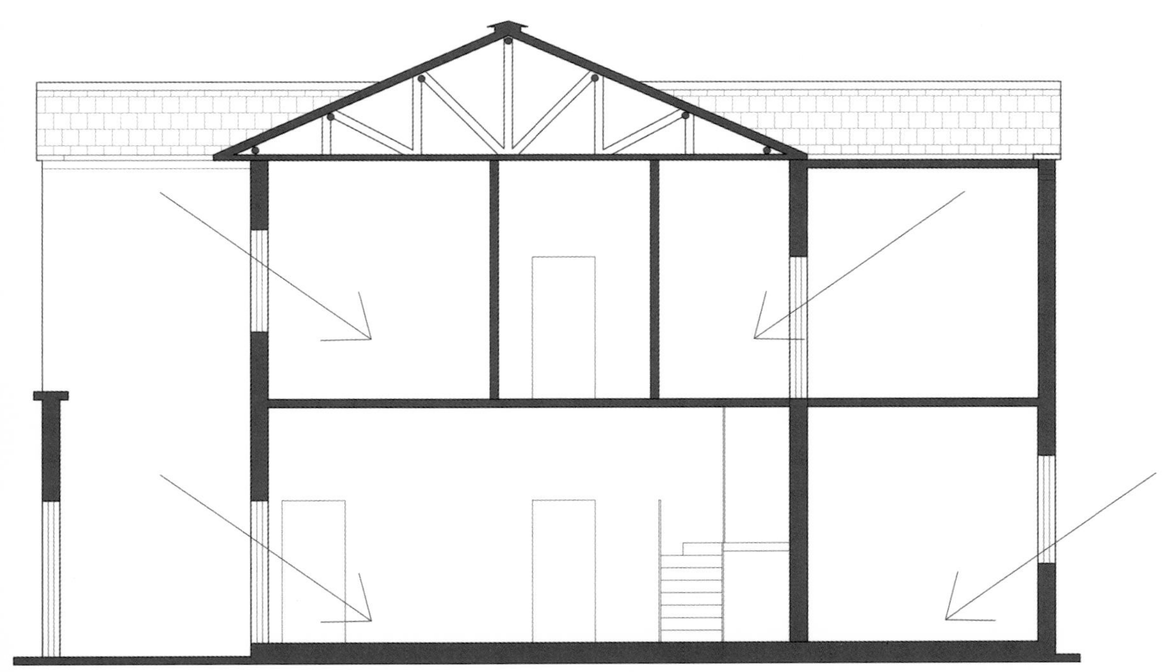

图1-35　采光分析

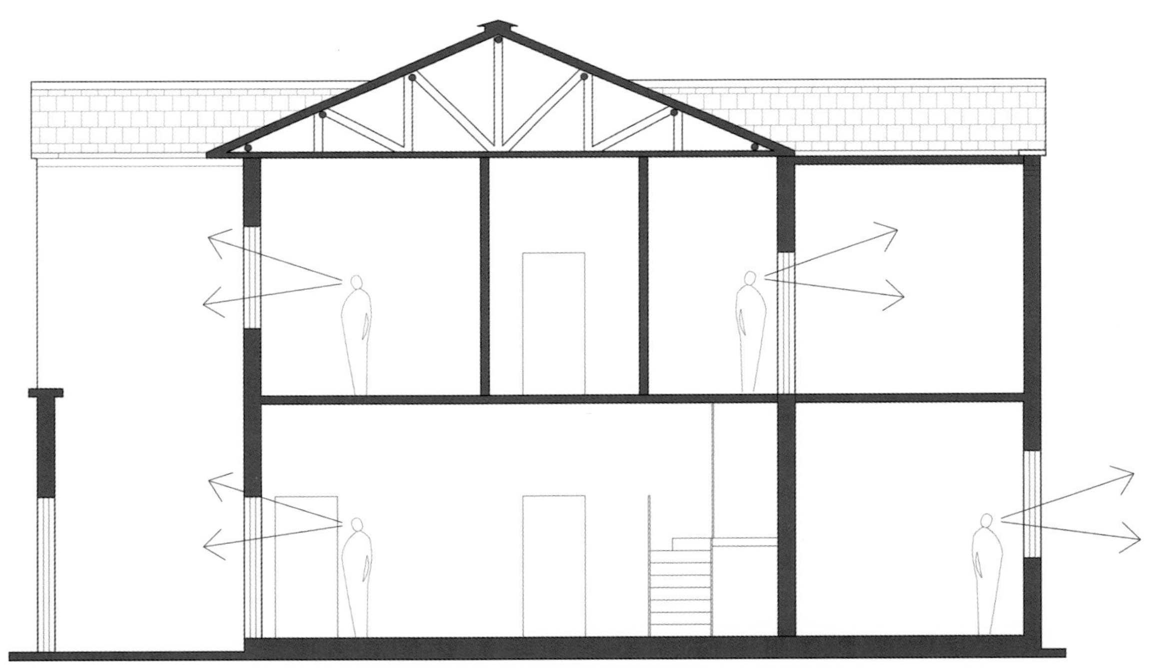

图1-36　视线分析

◆ 巷口采用简洁的现代图案装饰，其风格受到西方装饰艺术派建筑的影响。

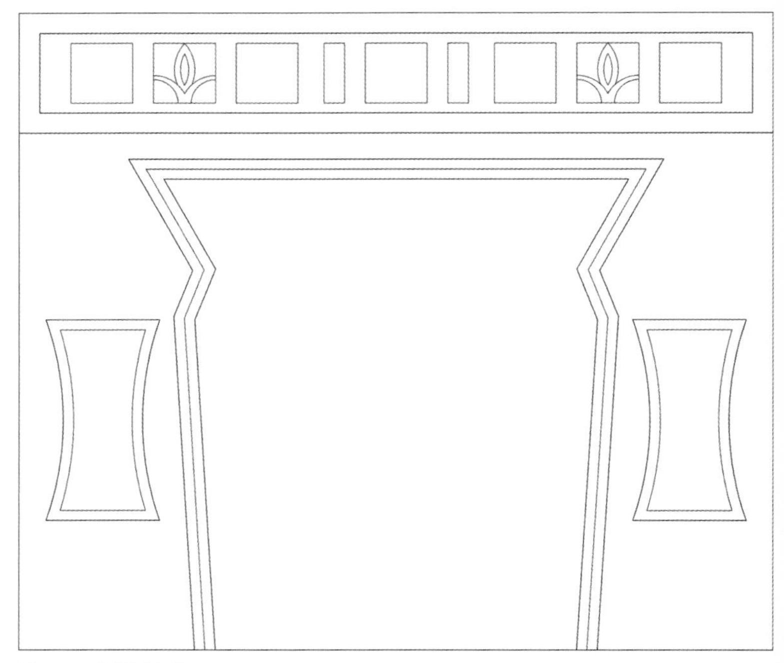

图1-37 次巷门大样

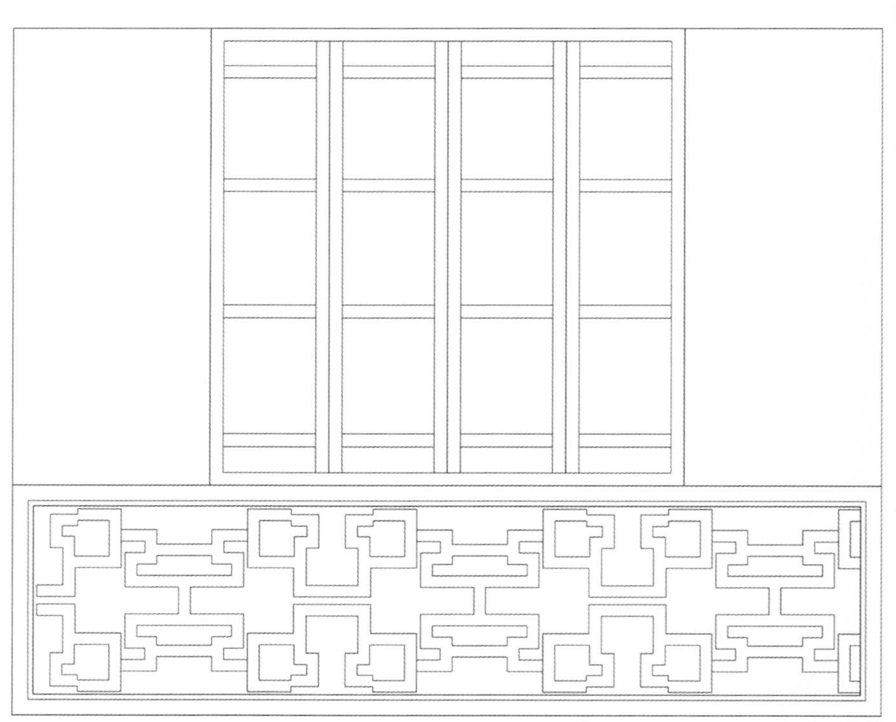

图1-38 窗花大样

02
第二章

第二章 泰兴里

泰兴里位于汉口江岸区胜利街（原法租界德托美领事街）与洞庭街（吕钦使街）之间，1907年由白俄茶商投资建设，永茂隆营造场施工建造。主巷两侧共有17栋两层单栋联排的砖木结构西式住宅建筑。

第一节 历史沿革

泰兴里历史沿革

时 间	事 件
1869年	俄在汉阳设立领事馆
1896年	汉口俄租界正式划定
1907年	白俄茶商投资建设泰兴里，此后作为住宅出租
1908年	上海巨商叶澄衷购置泰兴里
1913年	“中国铁路之父”詹天佑在此创设“中华工程师学会”，并任会长
1949年	国家对房屋进行回收
1966年	在粉刷房屋的基础上进行改动，增加部分隔墙

第二节 建筑概览

早在汉口开埠前，俄国商人就取得了在汉口等地购买中国茶叶的特权；开埠后，俄商陆续在汉口开设经销茶叶的洋行，买地建房。1907年，随着房地产投资投机风潮从上海蔓延到汉口，白俄茶商在法租界地段投资建设了泰兴里，建成后一直作为住宅出租，后来更是委托汉口著名的房地产经纪商——比利时义品洋行代为管理。

泰兴里主巷宽3.5m，由两侧的17栋两层单栋联排的砖木结构西式住宅建筑组成。与汉口其他里分不同，泰兴里每栋住宅前有自带的院落，红瓦屋顶的建筑被粉刷的低矮院墙围绕，下有架空层的

图2-1　同兴里、泰兴里鸟瞰图（下部分为泰兴里）

地板、半拱圆窗，带有明显的殖民地式建筑特征。泰兴里只有一条主巷与城市街道相连，所有住宅的大门都面向主巷，是标准的“一巷一口”主巷型布局；其间建筑整齐划一，单栋联排的建筑一字排开形成单一的巷道空间，建筑立面也通过元素的重复营造出连续的空间序列；同时，天井和院落等中国传统民居形制的加入体现了其多元文化折中的形式。1913年，铁路工程专家詹天佑创办了中华工程师学会，并将会址定于汉口泰兴里。现在的泰兴里是一个坐落在武汉的安静小巷，拥有各式各样主题的咖啡店，成为众多文艺青年的聚集地。

泰兴里照片详见图2-1~图2-9所示。

图2-2　主巷空间

图2-3　南立面透视

图2-4　北立面透视

图2-5　建筑细部

图2-6　窗户细部

图2-7　入户门细部

图2-8　北立面围墙细部

图2-9　南立面围墙细部

第三节　技术图则

依据建筑实测图纸，部分辅以三维建模，用技术图则方式解析泰兴里建筑的环境布局、平面布置、功能流线、围护结构、采光及通风等规划建筑诸元素。

泰兴里技术图则详见图2-10~图2-28所示。

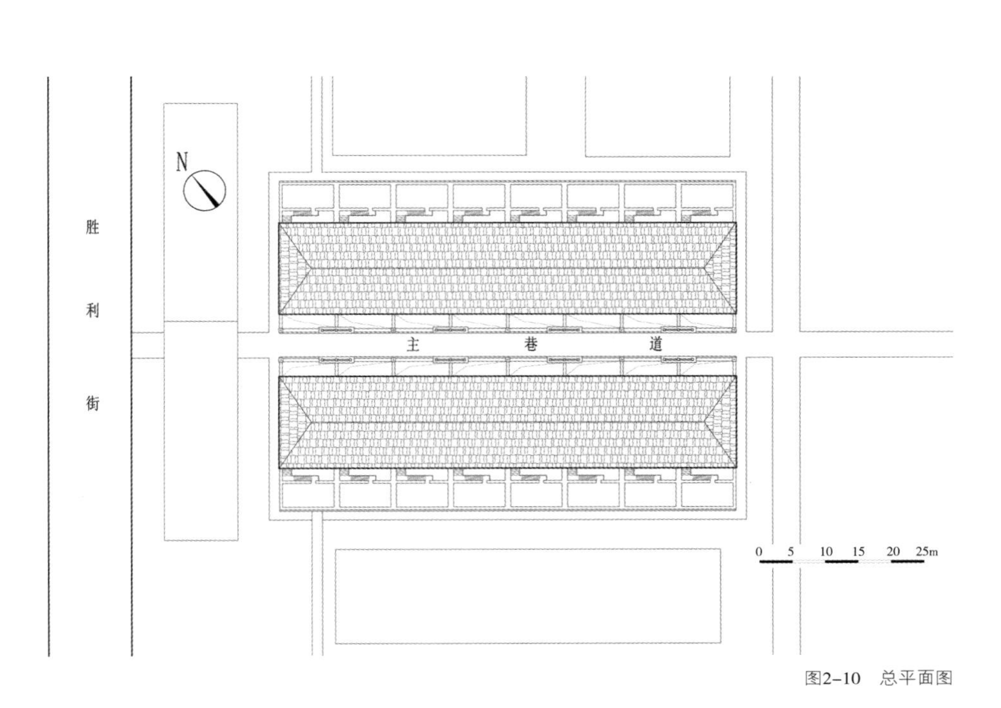

图2-10　总平面图

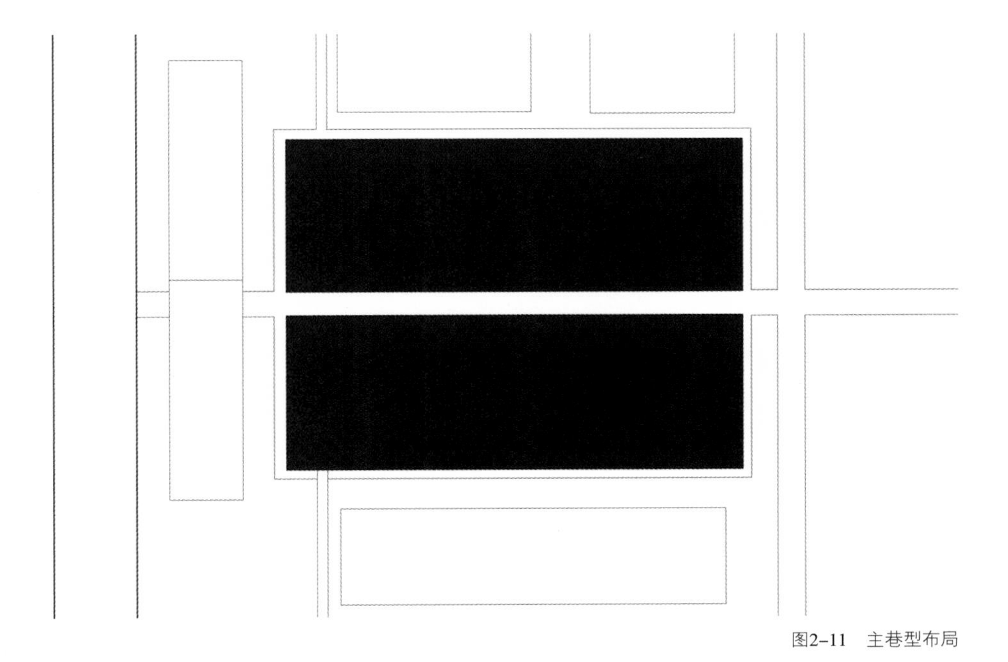

图2-11　主巷型布局

◆ 主巷型布局，规模较小，入口与城市道路直接相连。

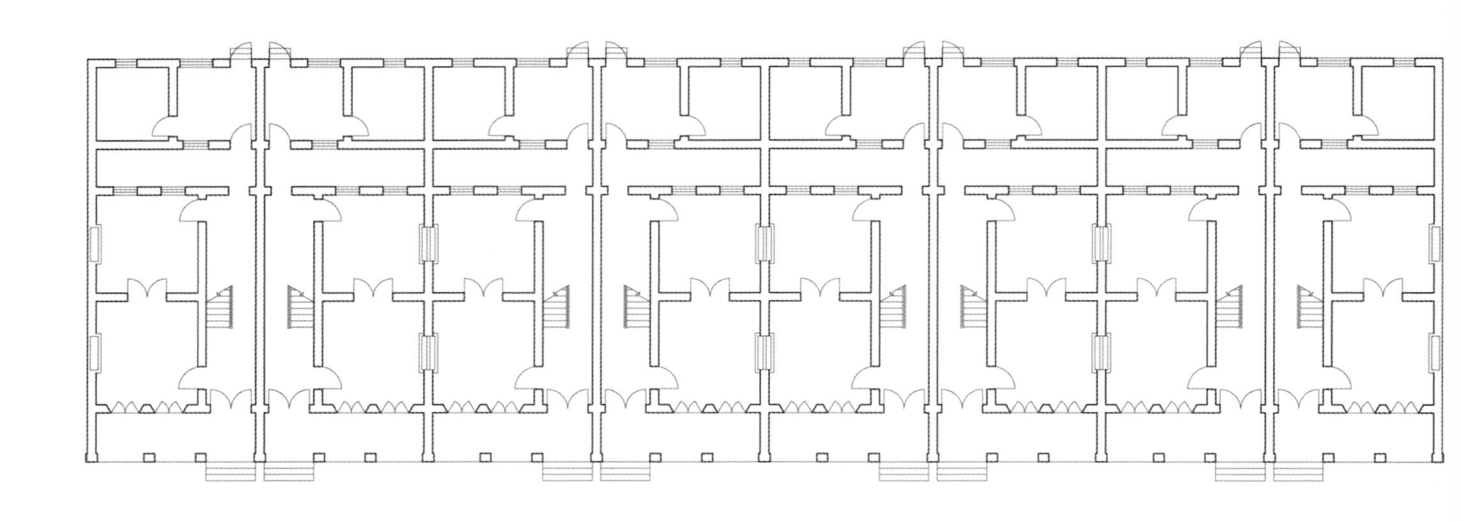

图2-12　一层平面拼合图

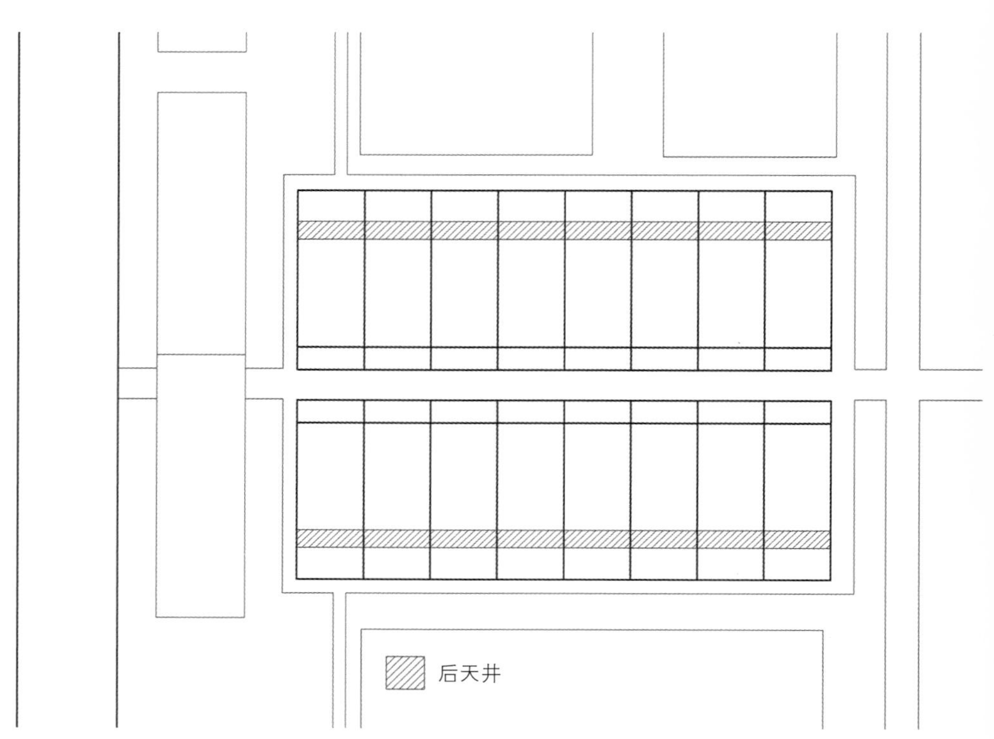

图2-13　天井分布

◆ 每户设置前院与后天井，使紧凑局促的空间增加了一些通透感。

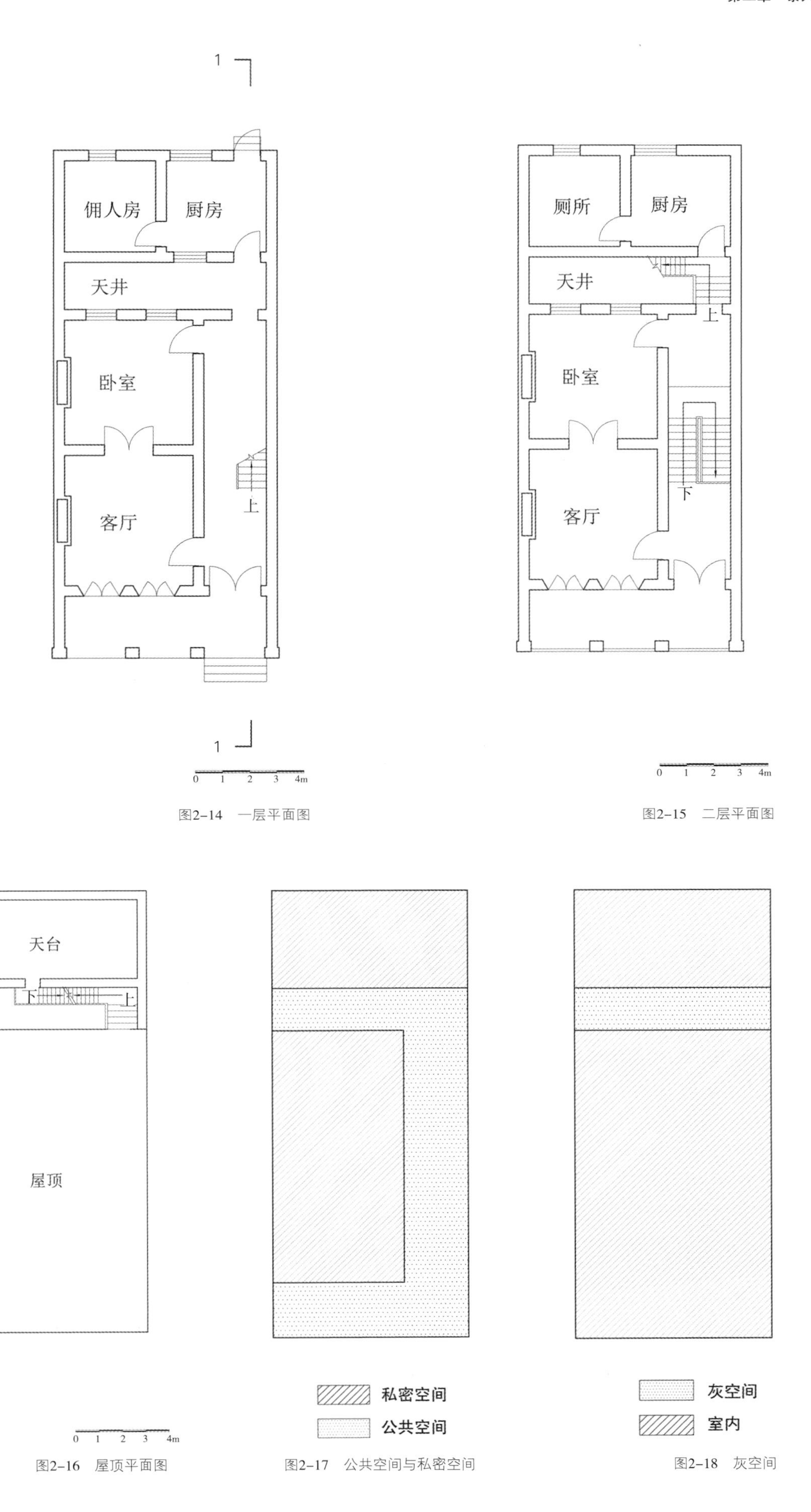

图2-14　一层平面图

图2-15　二层平面图

图2-16　屋顶平面图

图2-17　公共空间与私密空间

图2-18　灰空间

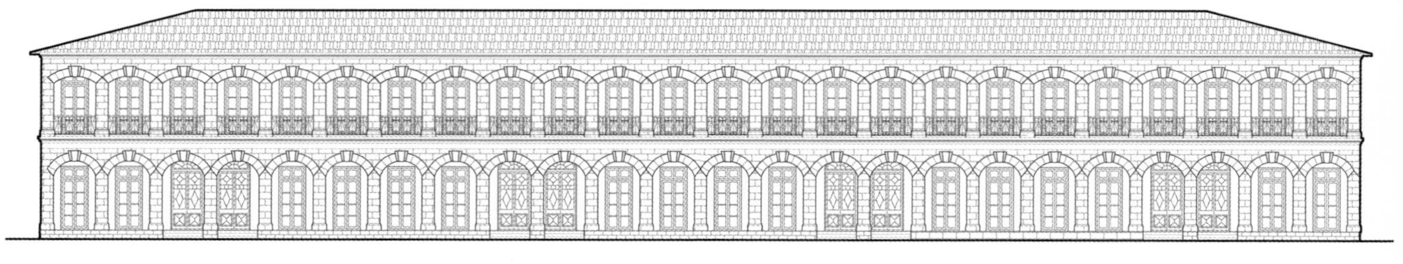

图2-19　正立面图

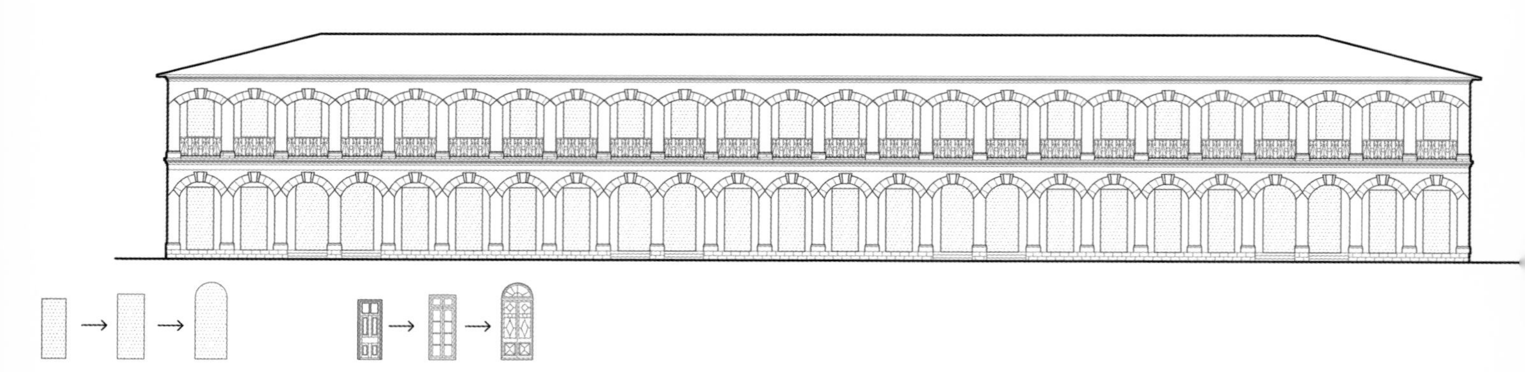

图2-20　重复与变化

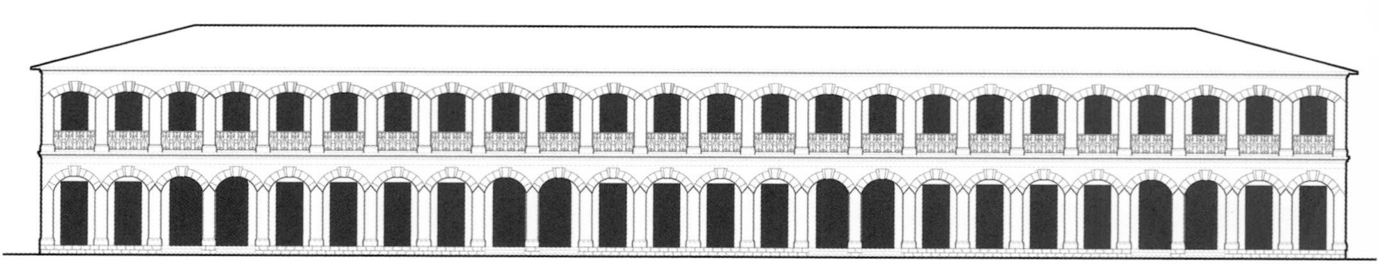

图2-21　立面凹凸

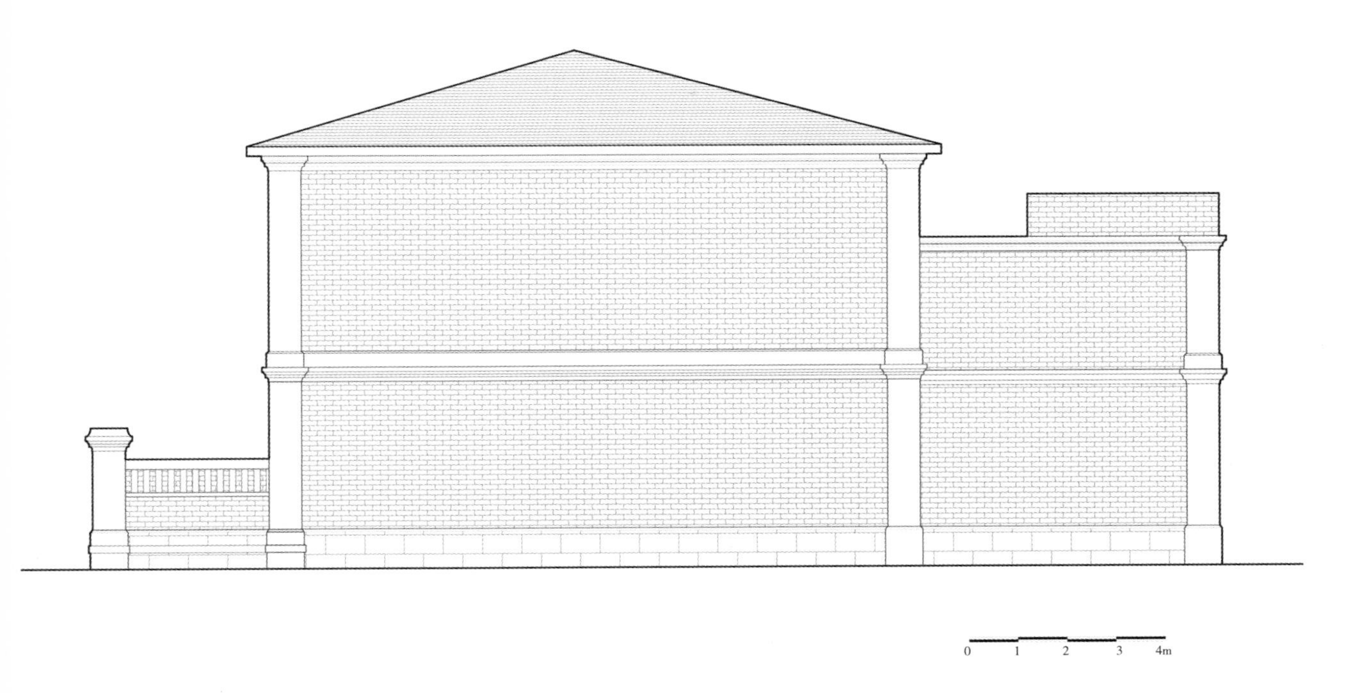

图2-22　侧立面图

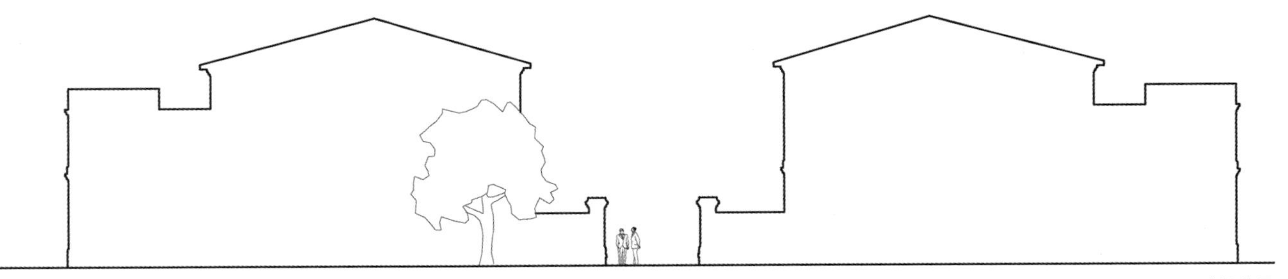

图2-23　建筑体量

图2-24　南立面围墙大样

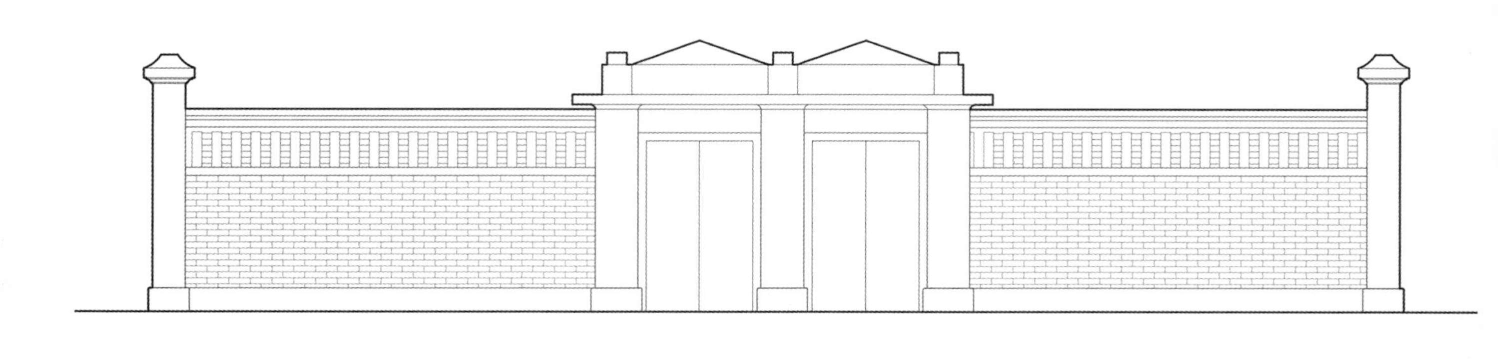

图2-25　北立面围墙大样

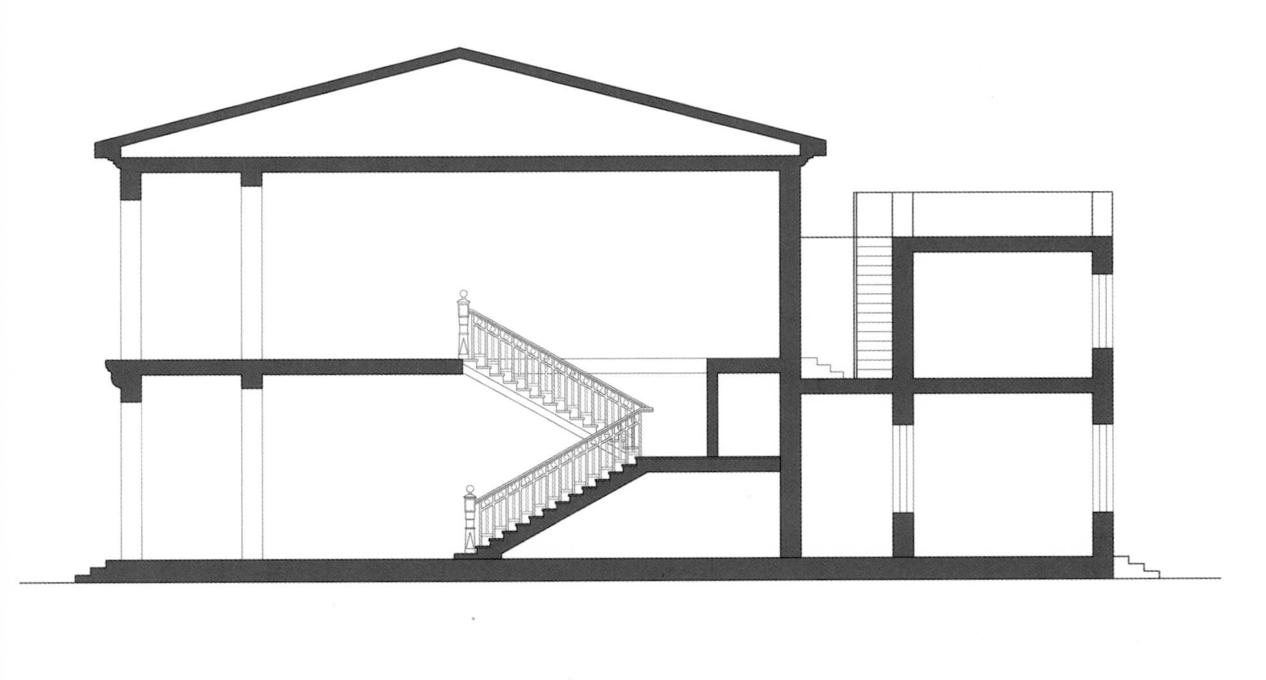

图2-26　1—1剖面图

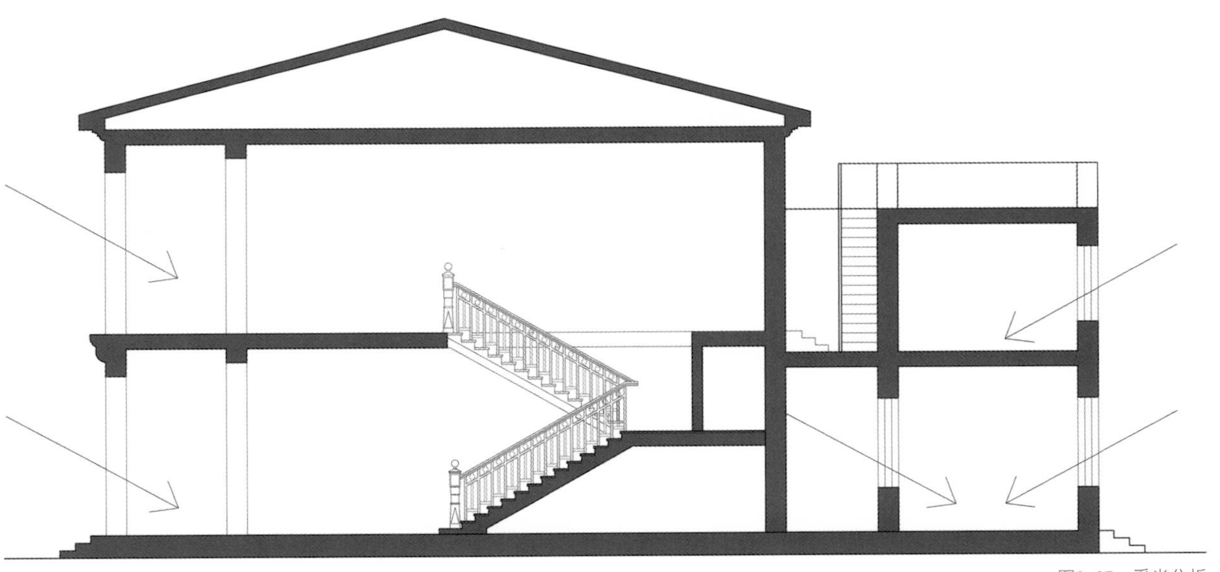

图2-27　采光分析

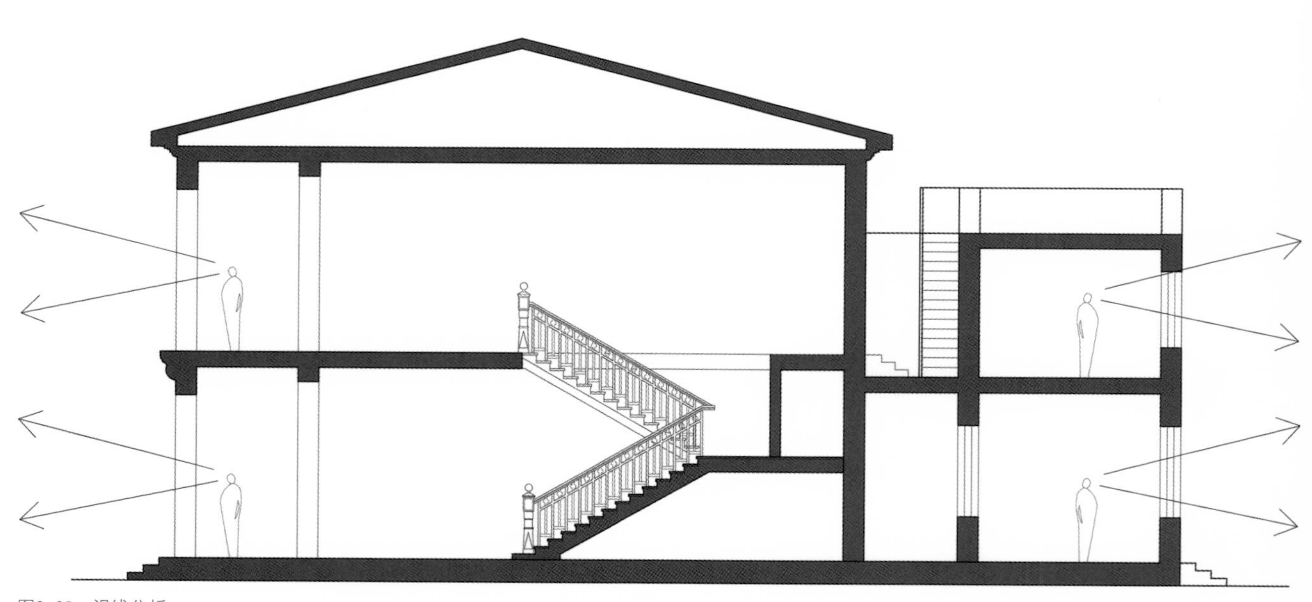

图2-28　视线分析

03
第三章

第三章 坤厚里

坤厚里位于汉口江岸区一元路与一元小路之间，占地面积8360m^2，原建筑共96栋，现存73栋。1912年由德商爵记洋行建房成里，称爵记里，后卖给买办蒋佩村改为中原里，后转让给和记洋行买办杨坤山和黄厚卿，取名坤厚里，是汉口现保存较好的里分之一。

第一节 历史沿革

坤厚里历史沿革

时 间	事 件
1912年	德商爵记洋行建房成里
1922年	售归英安利洋行买办蒋佩村
1967年	改名新建里
1972年	复名坤厚里

第二节 建筑概览

坤厚里的总体布局和道路形式为网格型，内部是标准的两层里分建筑。里分内住宅大部分为两层小楼联排布置，建筑密集度相当大，内部巷道狭小，主巷入口采用过街楼形式，过街楼的下面采用平顶，楼上为住宅；次巷多使用牌坊的形式，各种巷道形成的公共活动空间和单体住宅公共空间也略为狭小，公共设施基本不能发挥作用；结构多为砖木结构，砖墙承重，墙厚多为240~490mm，用砖为土窑砖，具有较好的保温隔热性能，顺应了武汉地区夏热冬冷的气候特征。里分采用适应季节变化、注重解决室内高温的设计，房间内有良好的通风并增设有遮阴设备。

坤厚里65号是本里分住宅形式的特例，它位于坤厚里的东南角，原本是业主的住宅，其建筑面积大，设计及装饰都较为精细，是武汉里分建筑中不多见的形式。其平面布局为对称式，宽敞的客堂取代了天井，卧室均为大开间，通风采光良好；二层主要房间都配有阳台，这是其他住宅所没有的特点。

坤厚里照片详见图3-1~图3-11所示。

图3-1　鸟瞰图

图3-2　入口牌坊

图3-3　街巷空间

图3-4　入口过街楼

图3-5　建筑立面

图3-6　主巷空间

图3-7　次巷空间

图3-8　65#建筑柱头细部

图3-9　建筑单体立面

图3-10　立面细部

图3-11　次巷入口牌坊

图3-12　坤厚里模型鸟瞰图

第三节　技术图则

依据建筑实测图纸，部分辅以三维建模，用技术图则方式解析坤厚里建筑的环境布局、平面布置、功能流线、围护结构、采光及通风等规划建筑诸元素。

坤厚里技术图则详见图3-12~图3-42所示。

◆　里分内部以主次巷道合理分割，住宅采用单元联排式布局。

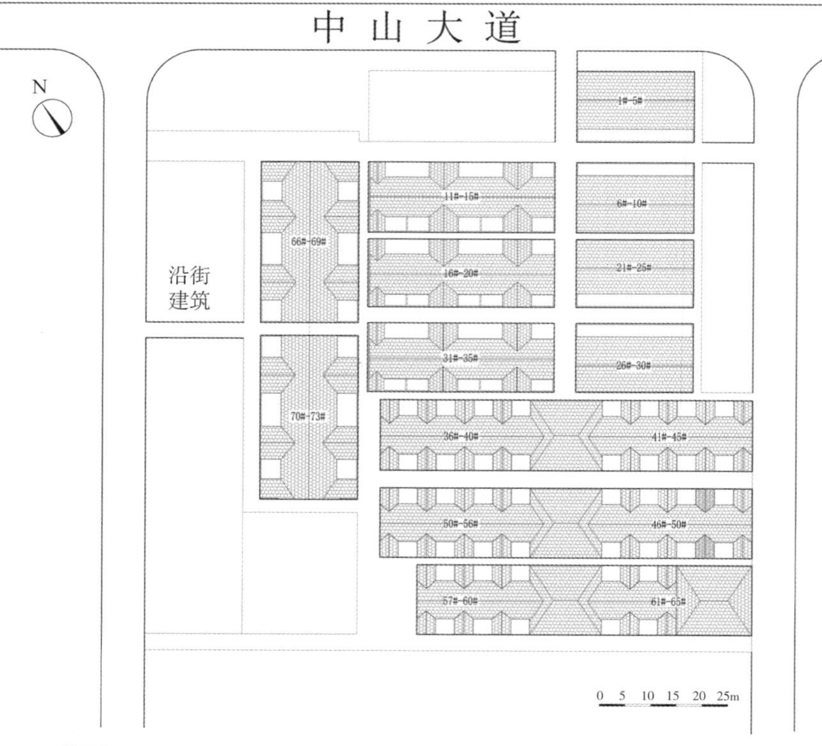

图3-13　总平面图

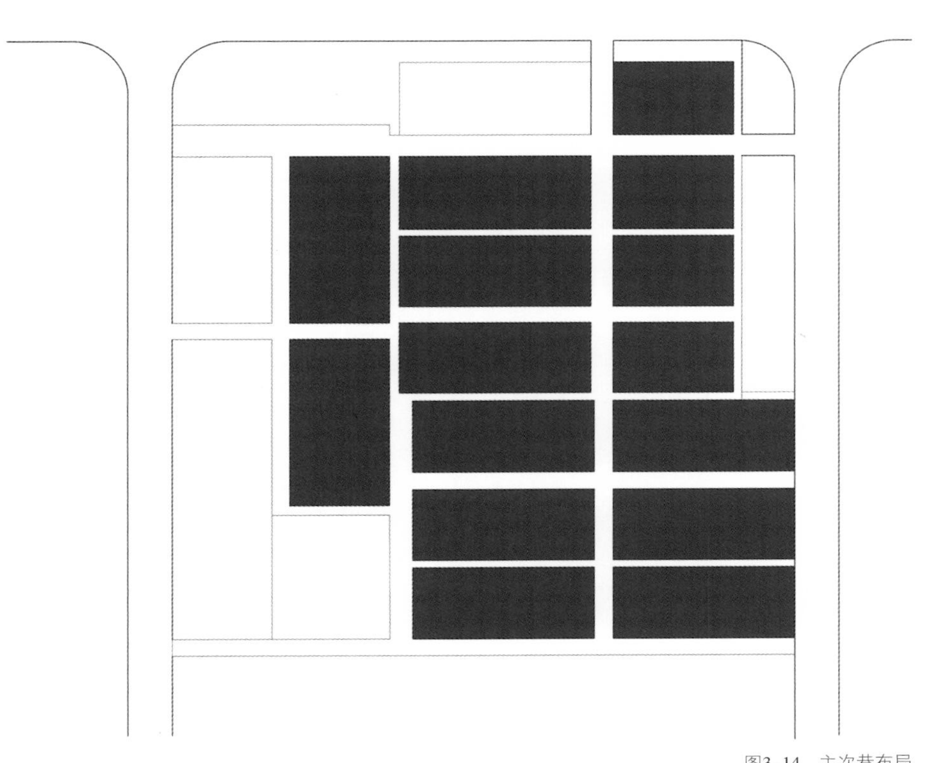

图3-14　主次巷布局

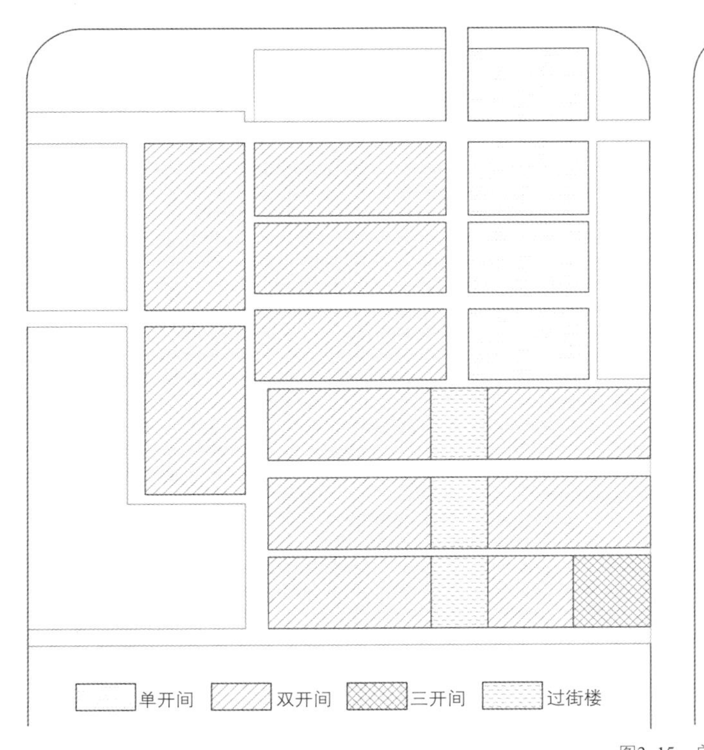

图3-15　户型分布

◆　弄内两栋里分建筑山墙之间，利用其上部空间建造过街楼，底下为弄内交通，楼上为住宅，这种占天不占地的空间利用方式扩大了空间利用率；同时，在过街楼下的通道中，可提供小范围交流、休憩场所。

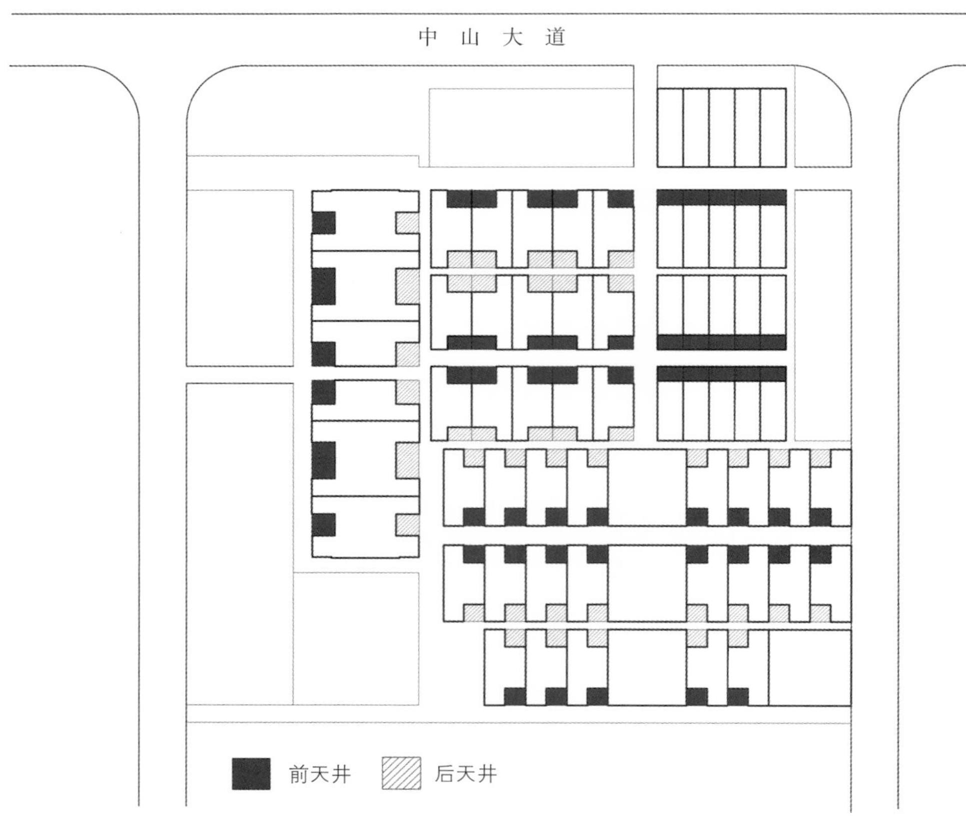

图3-16 前后天井分布

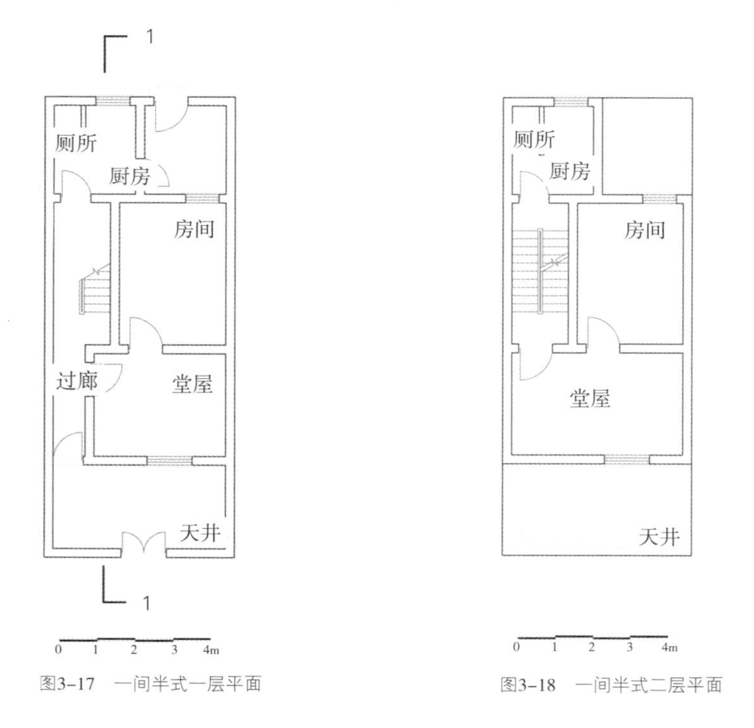

图3-17 一间半式一层平面

图3-18 一间半式二层平面

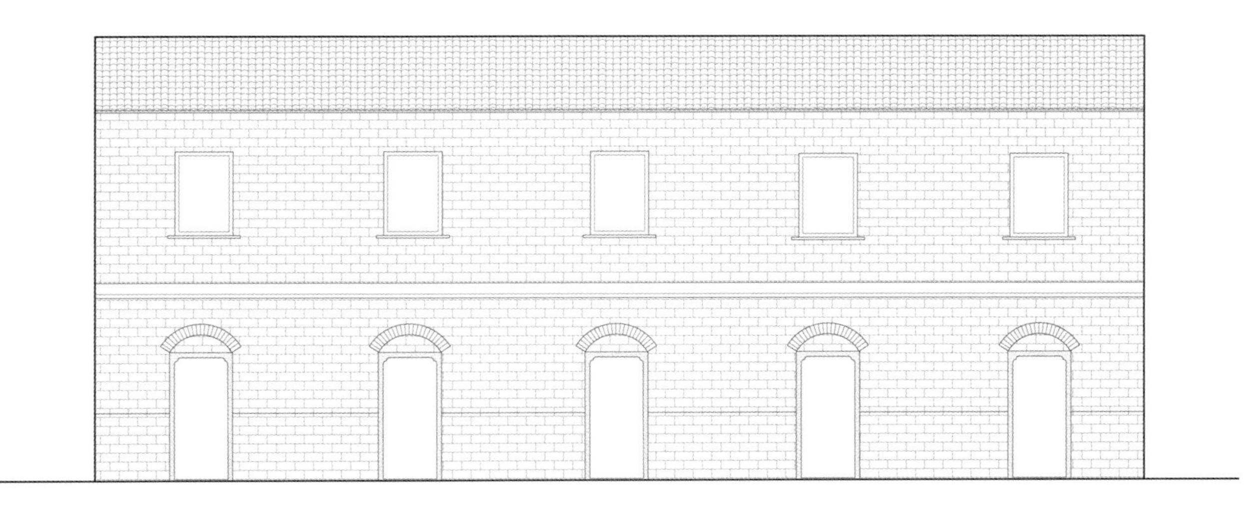

图3-19　一间半式正立面图

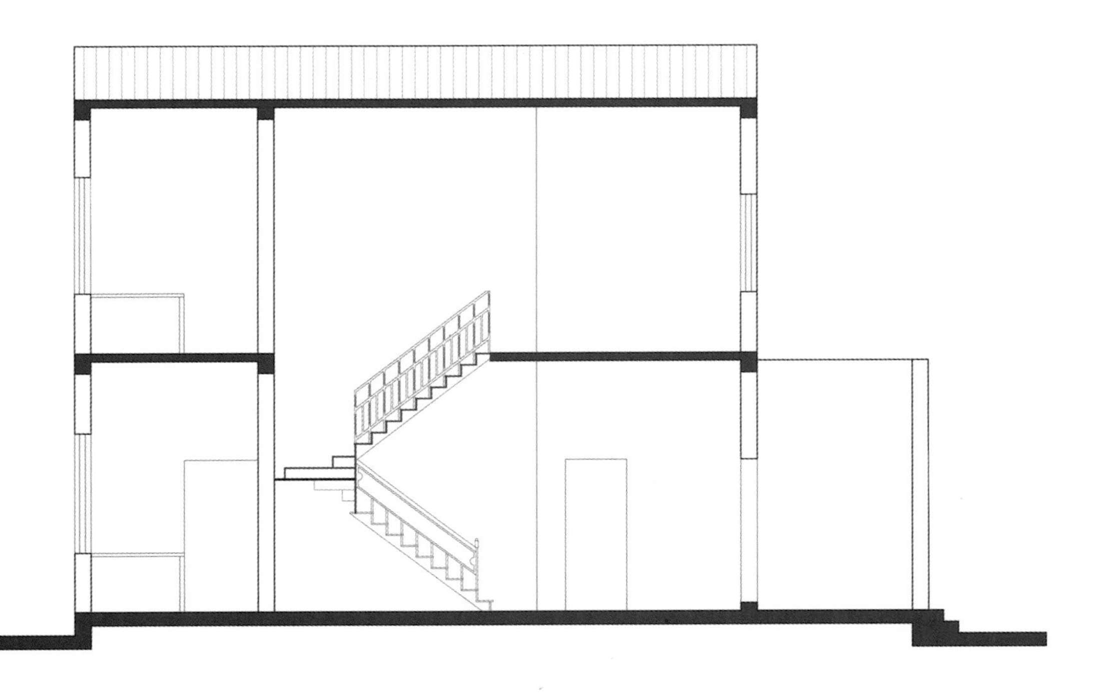

图3-20　一间半式1—1剖面面

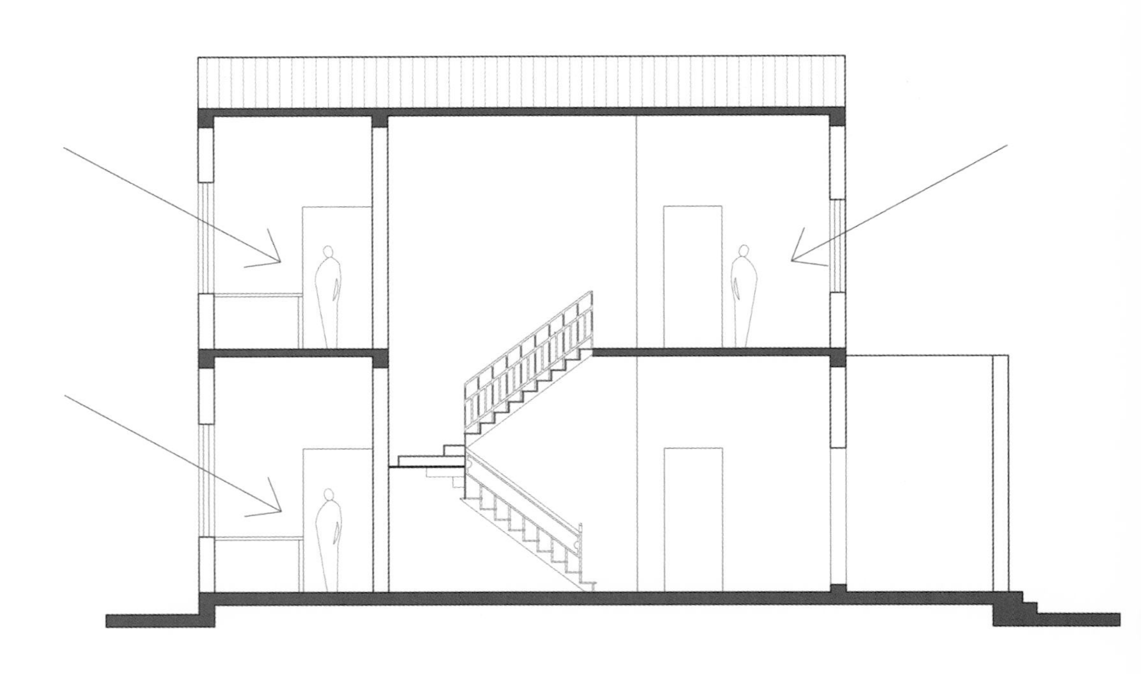

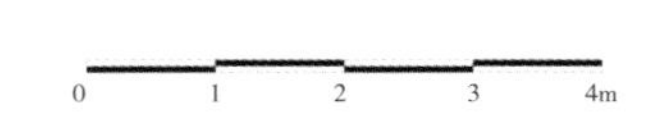

图3–21 采光分析

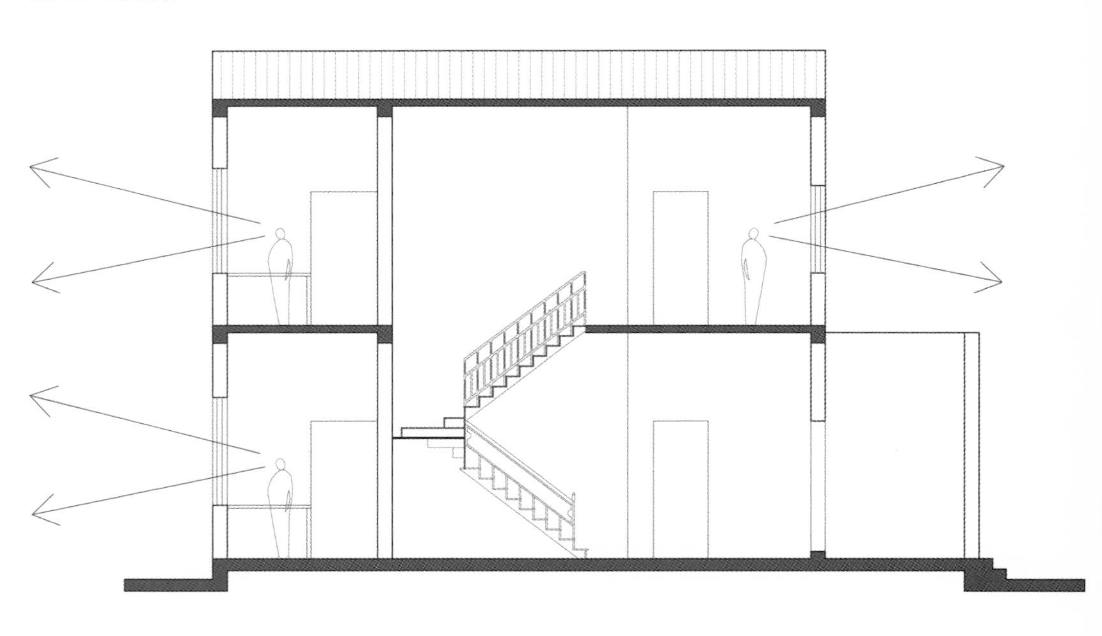

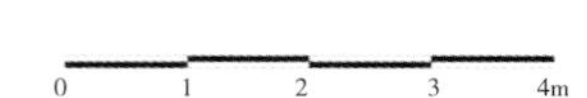

图3–22 视线分析

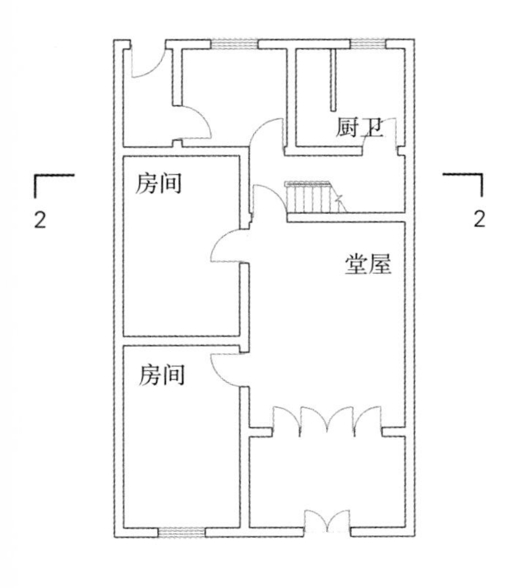

图3-23　两间式一层平面图

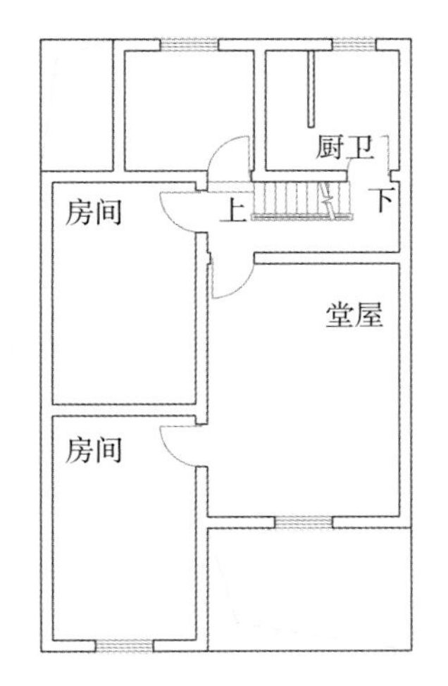

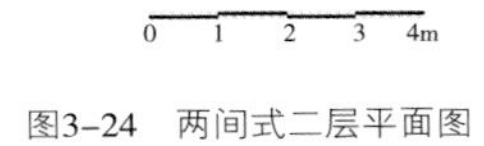

图3-24　两间式二层平面图

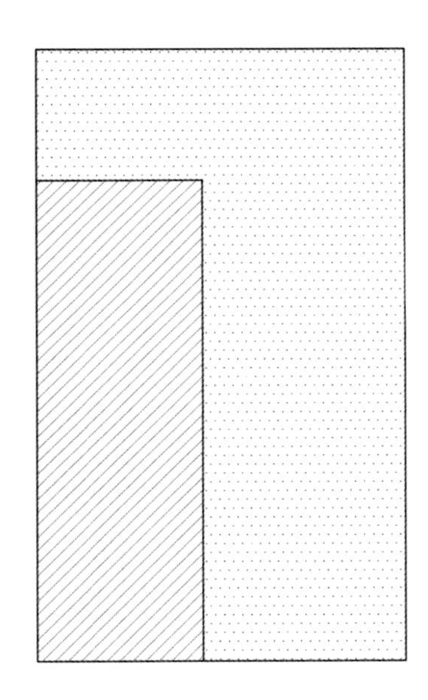

图3-25　公共空间与私密空间

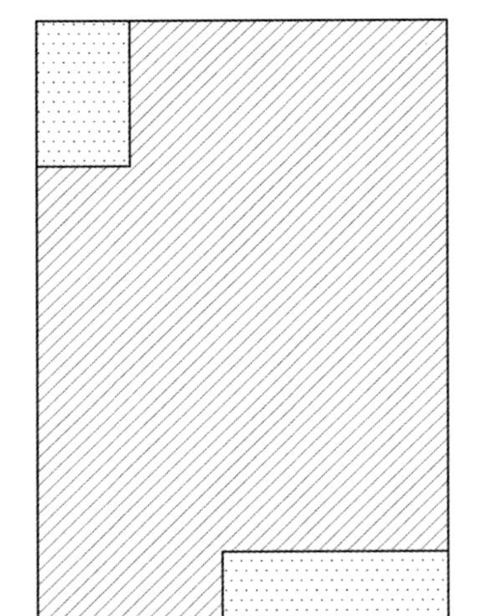

图3-26　灰空间

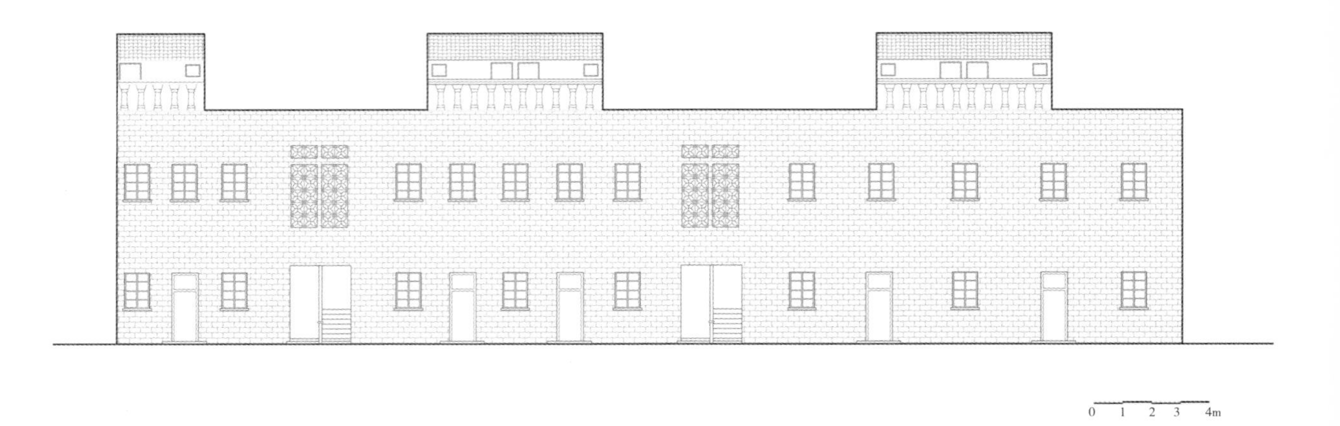

图3-27　两间式正立面图

图3-28　过街楼正立面图

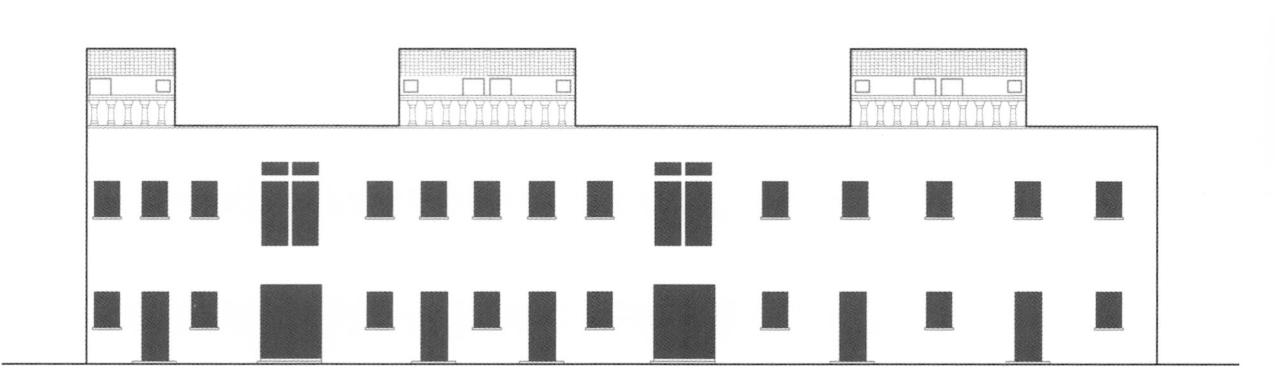

图3-29　立面凹凸

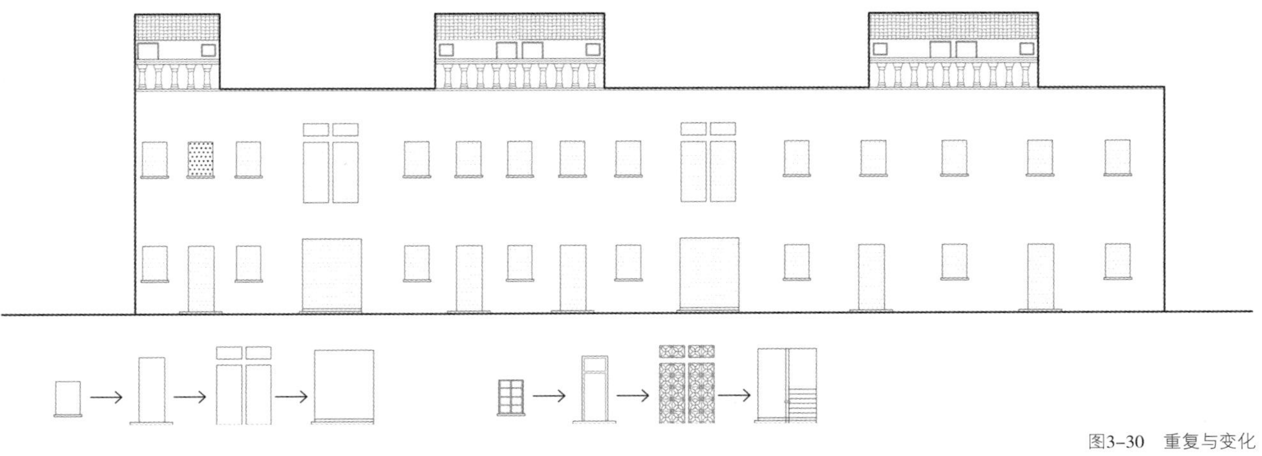
图3-30　重复与变化

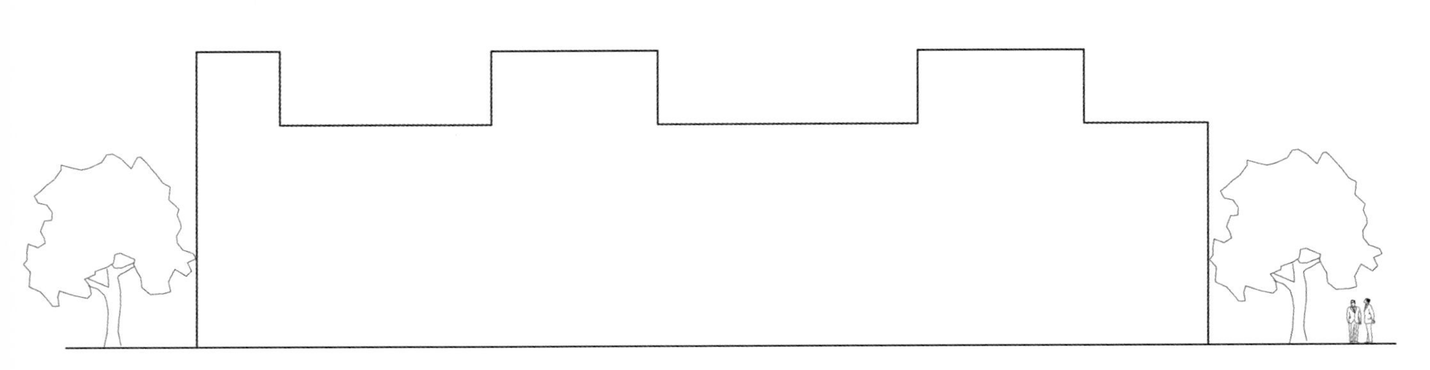
图3-31　建筑体量

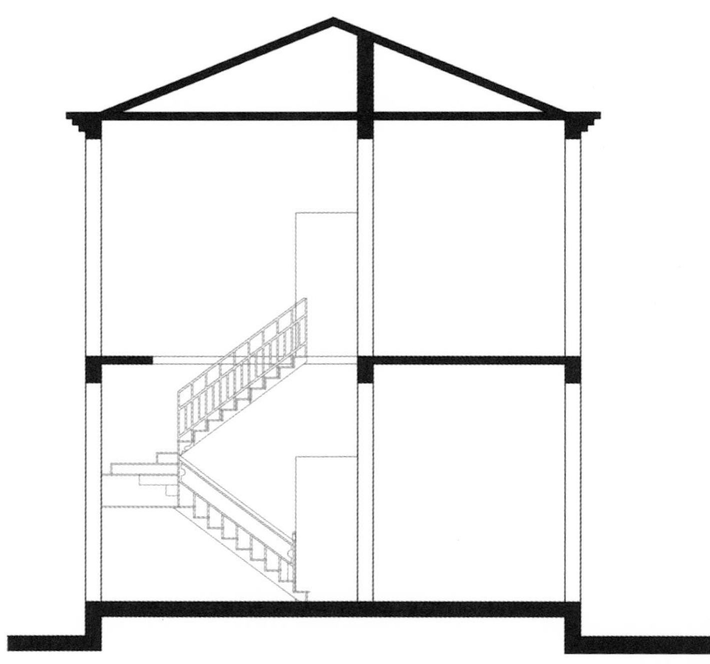

图3-32　两间式2-2剖面图

◆　坤厚里65#是本里分建筑形式的特例，其平面布局为对称式，宽敞的客堂取代了天井，卧室均为大开间，通风采光良好；二层主要房间都配有阳台，这是其他住宅所没有的特点。

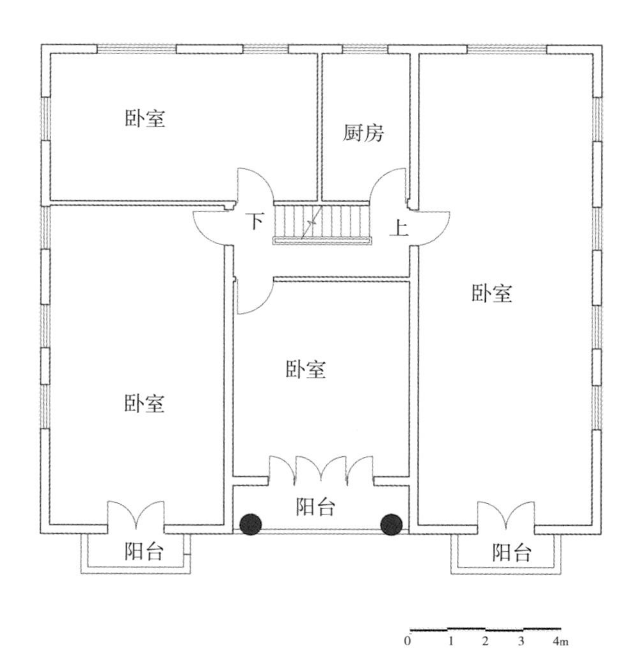

图3-33　65#建筑二层平面图

◆　立面为三段式，左右对称；入口宽大，其台阶两侧有一对爱奥尼柱式，二层阳台两侧则为一对科林斯柱式，雕镂精美；墙身与阳台线脚相互贯通，加强了立面的整体性。

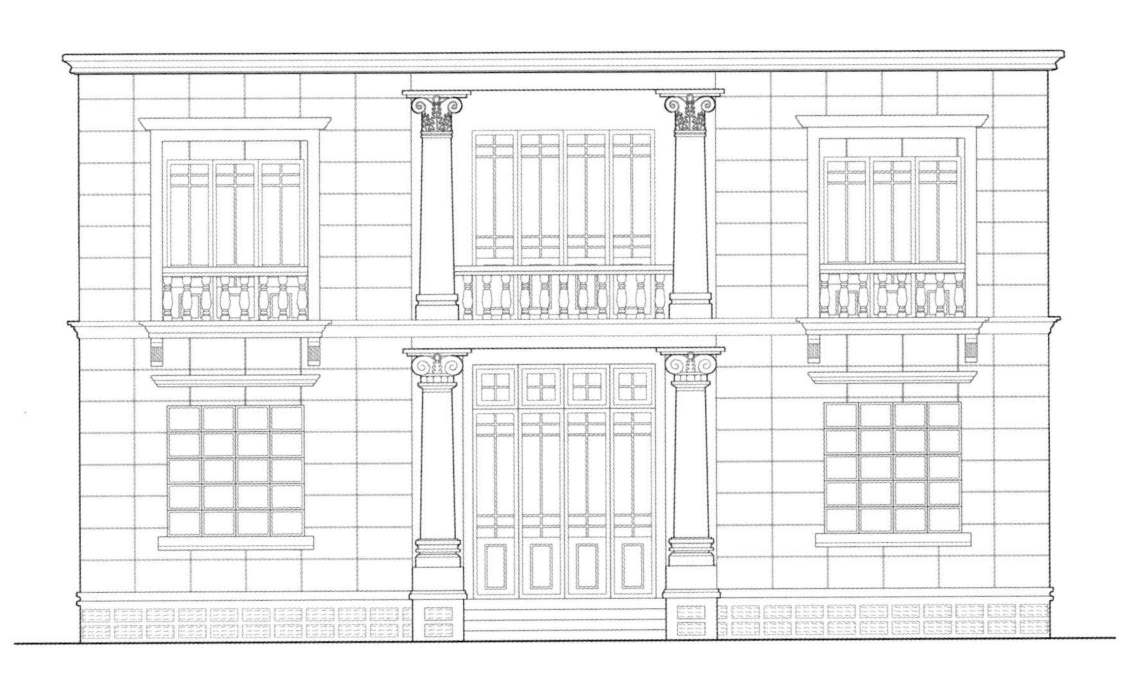

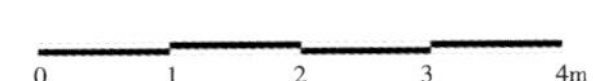

图3-34　65#建筑立面图

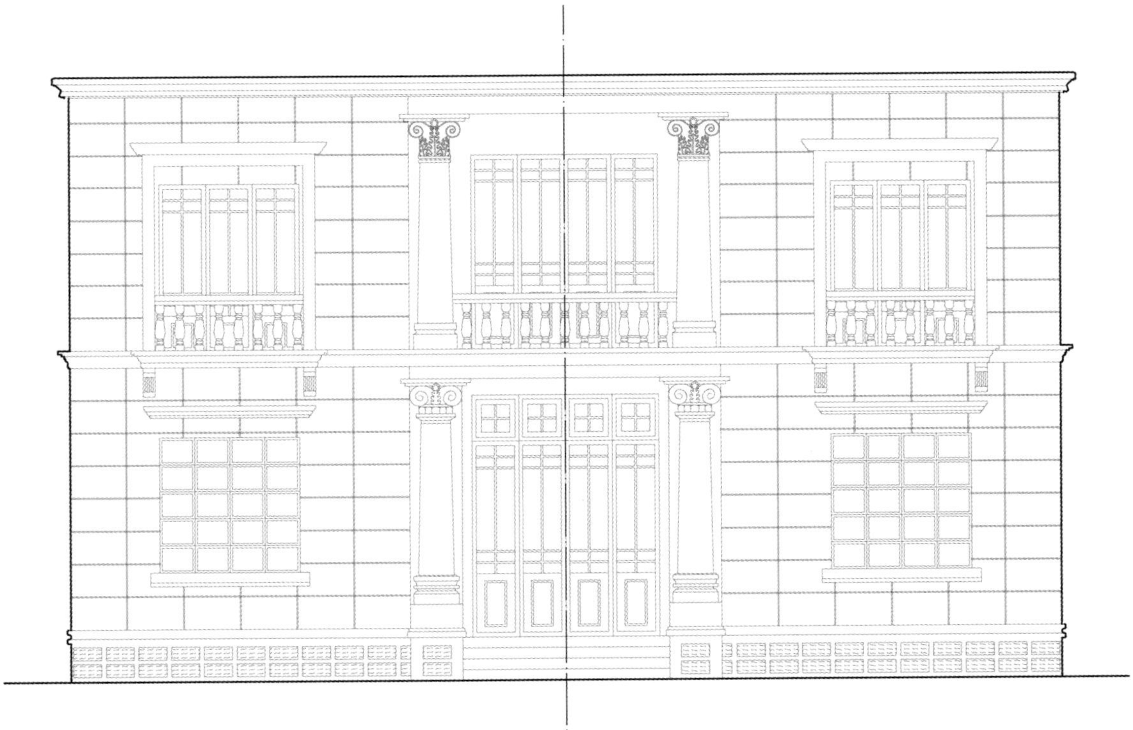

图3-35　对称与均衡

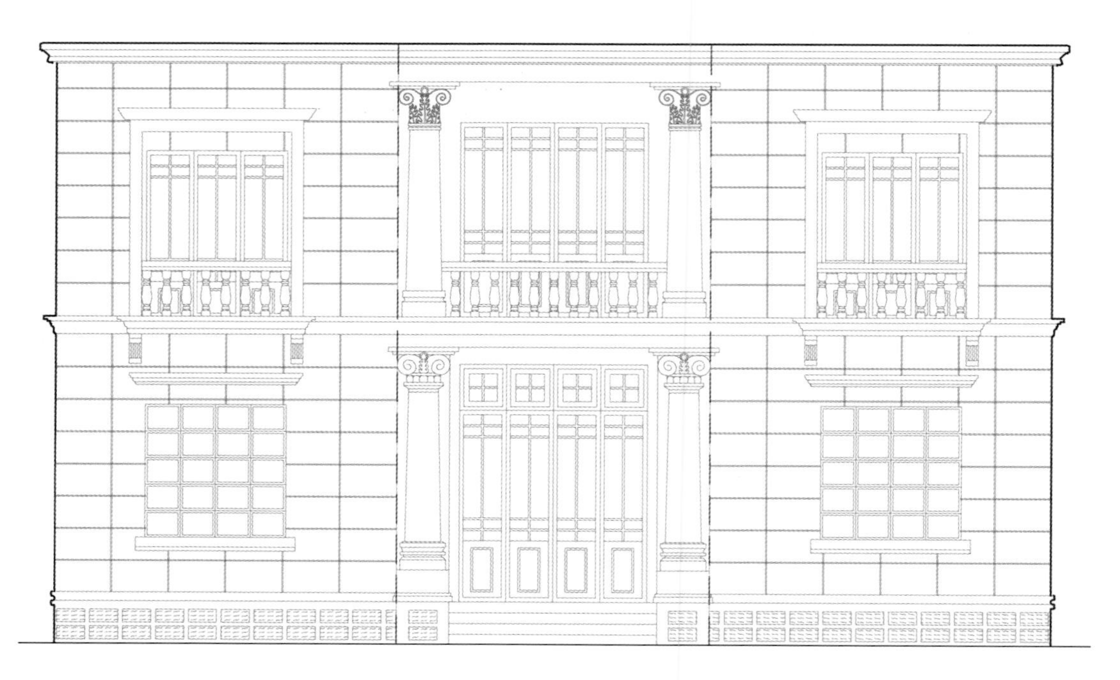

图3-36　横向三段式构图

图3-37　建筑体量

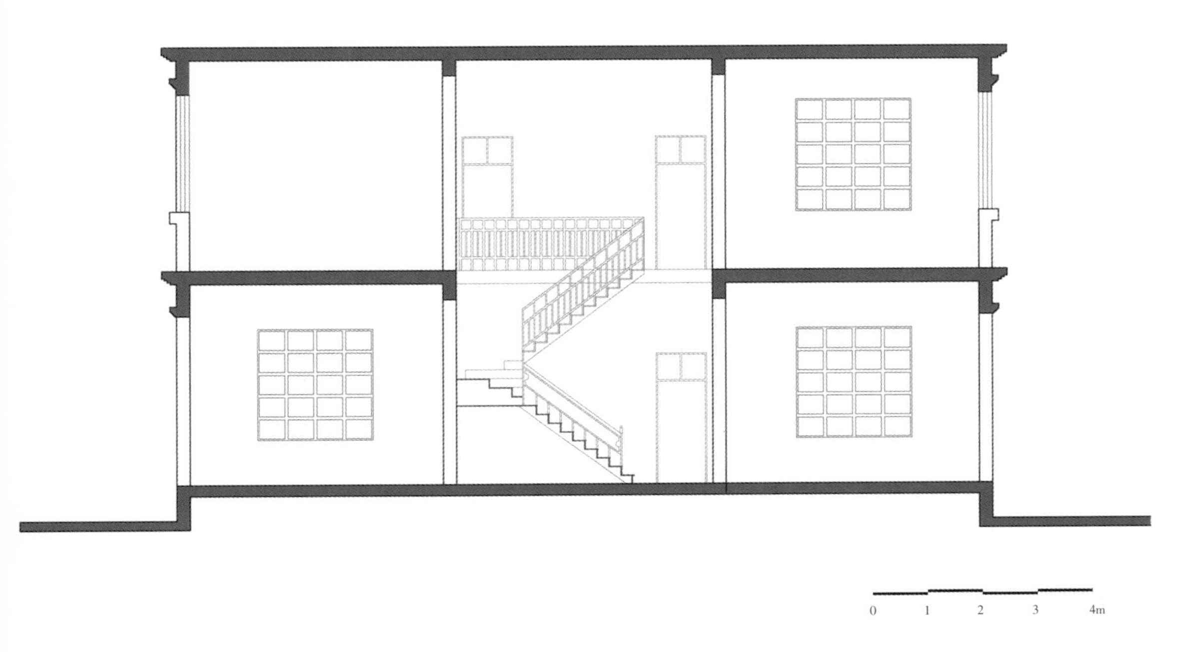

图3-38　65#建筑剖面图

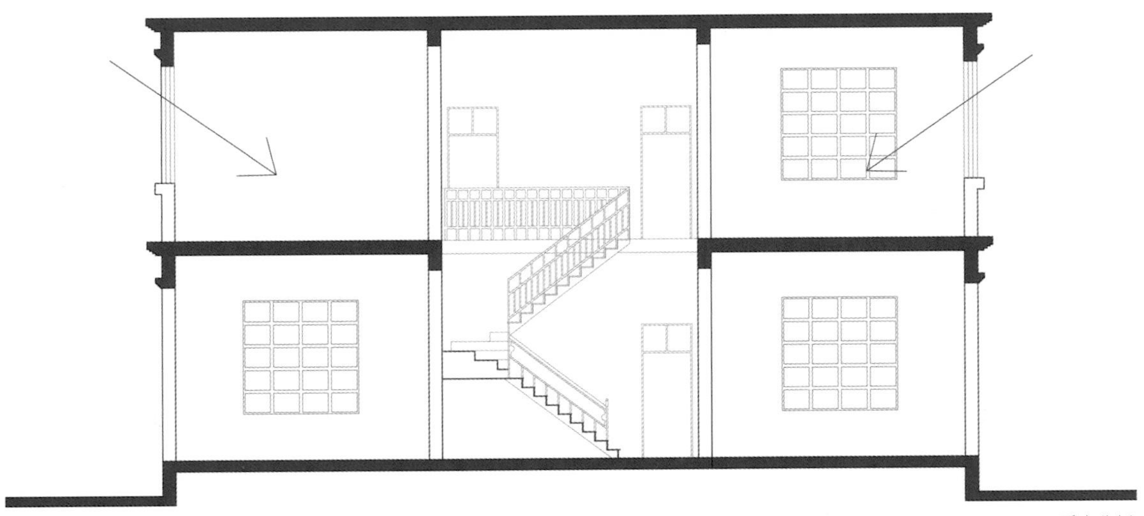

图3-39　采光分析

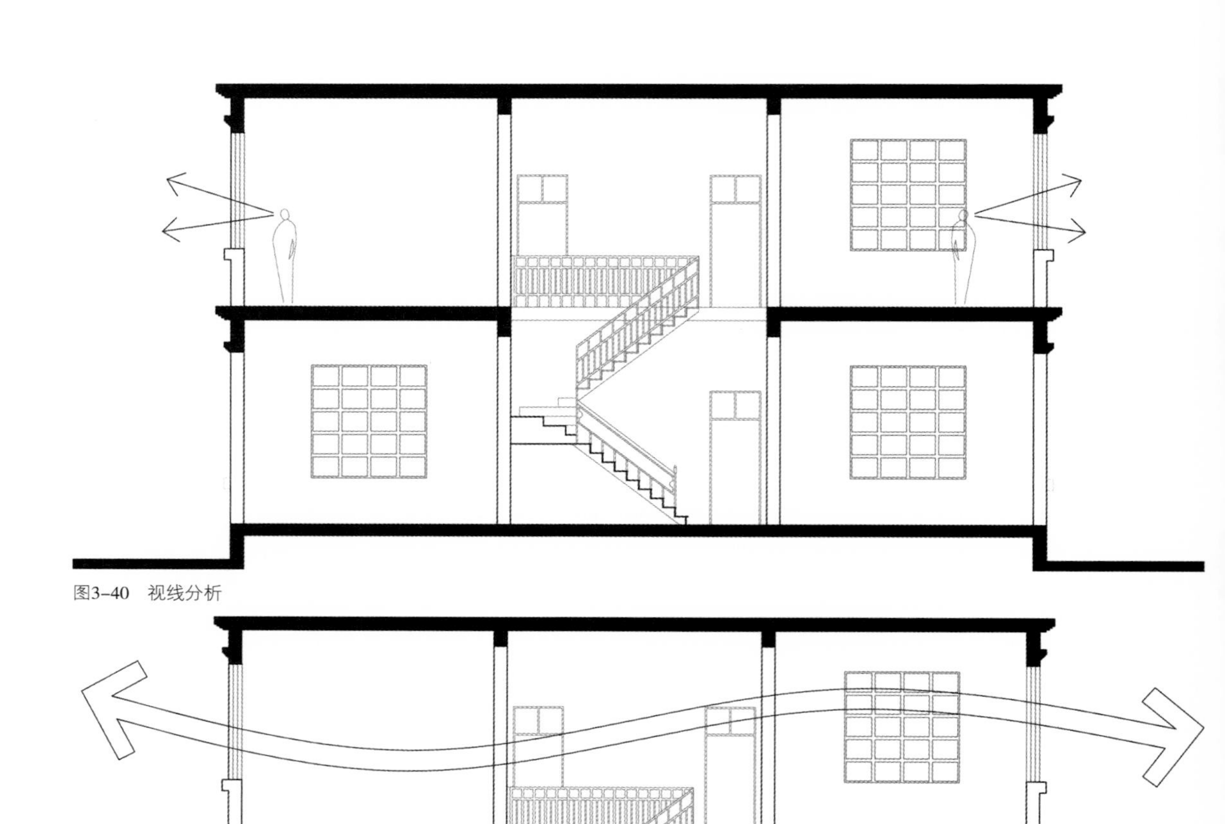

图3-40　视线分析

图3-41　通风分析

图3-42　次巷入口牌坊大样

04
第四章

第四章 平安里

平安里位于汉口江岸区友益街（法租界扩界后改名为韦马尔纳街），东临新华里，南侧为黄兴路，占地面积约4356.7m^2，由北京天主教委托义品洋行①代建。平安里最初选址于法租界边缘的华人区，由于法租界在1920年至1930年十年间多次越界致使平安里属于法租界，并由法国人管理。1967年平安里改名为“战斗一里”，1972年恢复原名。

第一节 历史沿革

平安里历史沿革

时　间	事　件
1892年	法国领事馆重建
1913年	由天主教委托义品洋行代建平安里
1917年	义品洋行在平安里口又自建带木吊楼式假三层房屋一栋(平安里5号)
1920—1930年	法租界多次越界，平安里隶属于法租界，由法国人管理
1967年	平安里改名为“战斗一里”
1972年	恢复原名平安里

第二节 建筑概览

平安里入口位于友益街西端，始建31栋，现存23栋砖木结构，布局完整，建筑保存较好。近代汉口里分的投资来源主要是外资和华资两类，外资投资主要包括洋行建造型、教会建造型和工商业资本家建造型。平安里规划设计相对完整，建筑风格统一，属于洋行建造型里分。

平安里所处位置并未临街，采用行列式布局可实现土地最大化利用。北京天主教堂为尽量多建房屋，因此对房屋的通风、采光和朝向没有过多考虑。平安里内共有6排联排住宅和3栋独立住宅，其中4排联排住宅主要布置在地块西部的规整区域。在其东部靠近新华里一侧，布置有2栋变异的联排住宅，并辅以3栋独立住宅，以提高

① 义品洋行全称“义品放款银行”(Credit Foncior D Extreme Orient)，原名“法比银行”，由法国、比利时商人合资组建，总行在布鲁塞尔，远东总管处设于香港，管辖上海、天津、济南、汉口、香港、新加坡等分行。1911年3月3日在汉口成立分行，经营房地产抵押放款，房屋经租、买卖、建筑等业务。内部机构有放款、工程、保险、经租、挂旗5部。1919年开始办理挂旗经租业务。1946年改名义品地产公司。

土地利用率。

平安里由于基地形状不规则，采用多套主次巷体系灵活布置，以追求土地利用最大化，兼有主巷型、主次巷型的部分特点。平安里属于旧式里分，建成年代属于汉口里分住宅发展的早期，部分住宅的入户方式与上海里弄住宅行列式布局中入户门同向布置的方式相同；但是，也有部分住宅采用了汉口近代里分所特有的“错位相对”入户方式，使汉口近代里分具有了自己的特点。

平安里照片详见图4-1~图4-9所示。

图4-1　平安里鸟瞰

图4-2　街巷建筑透视

图4-3　街巷空间（1）

图4-4　街巷空间（2）

图4-5　街巷空间（3）

图4-6　平安里住宅

图4-7　住宅入口（1）

图4-8　住宅入口（2）

图4-9　住宅内楼梯

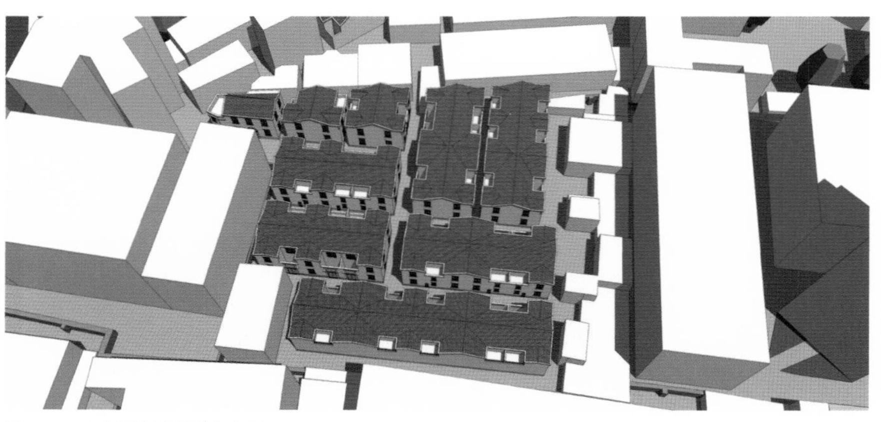

图4-10　平安里鸟瞰模型示意图

第三节　技术图则

依据建筑实测图纸，部分辅以三维建模，用技术图则方式解析平安里的环境布局、平面布置、功能流线、围护结构等规划建筑诸元素。

平安里技术图则详见图4-10~图4-28所示。

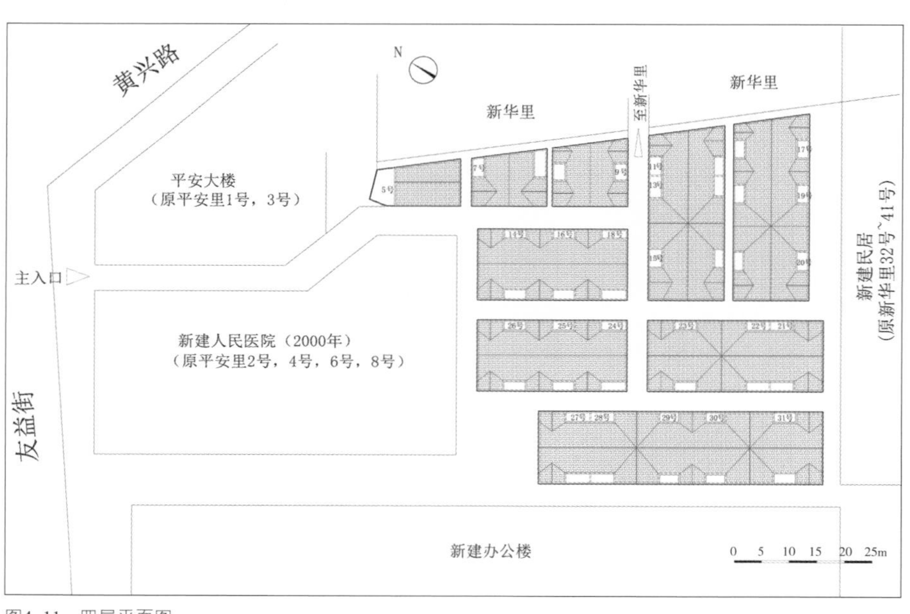

图4-11　四层平面图

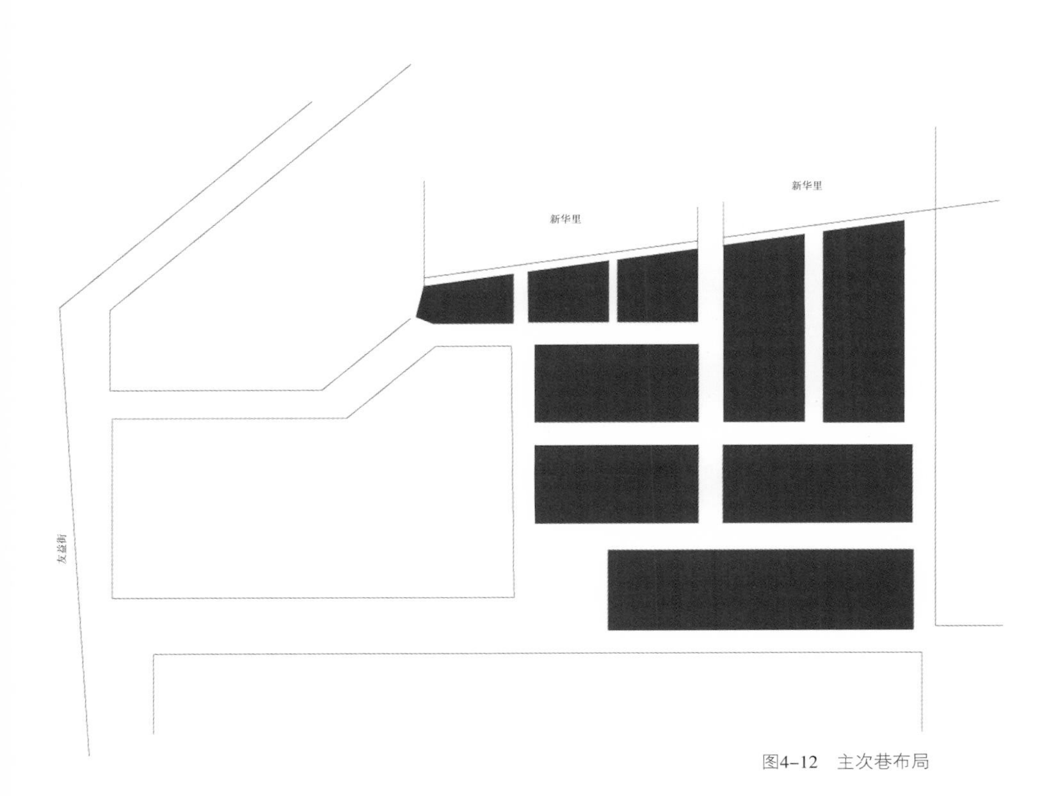

图4-12 主次巷布局

◆ 三条主巷四条次巷，建筑的布置方向并非完全一致。

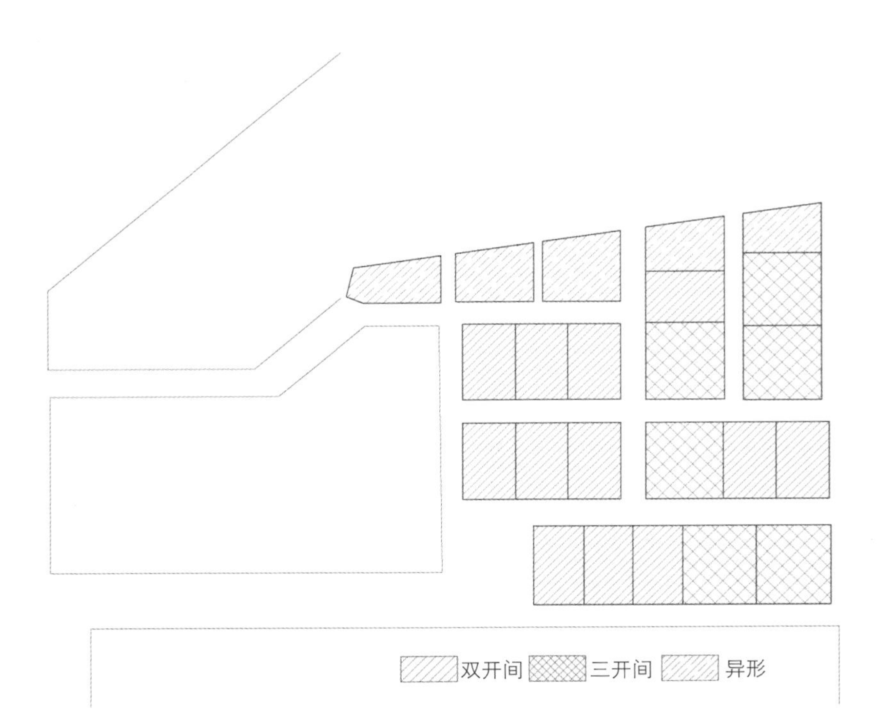

图4-13 户型分布

◆ 从里分的建筑形态来看，它们并未完全摆脱中国传统民居的形式，但开始采用来源于西方的总体联排式平面布局方式。

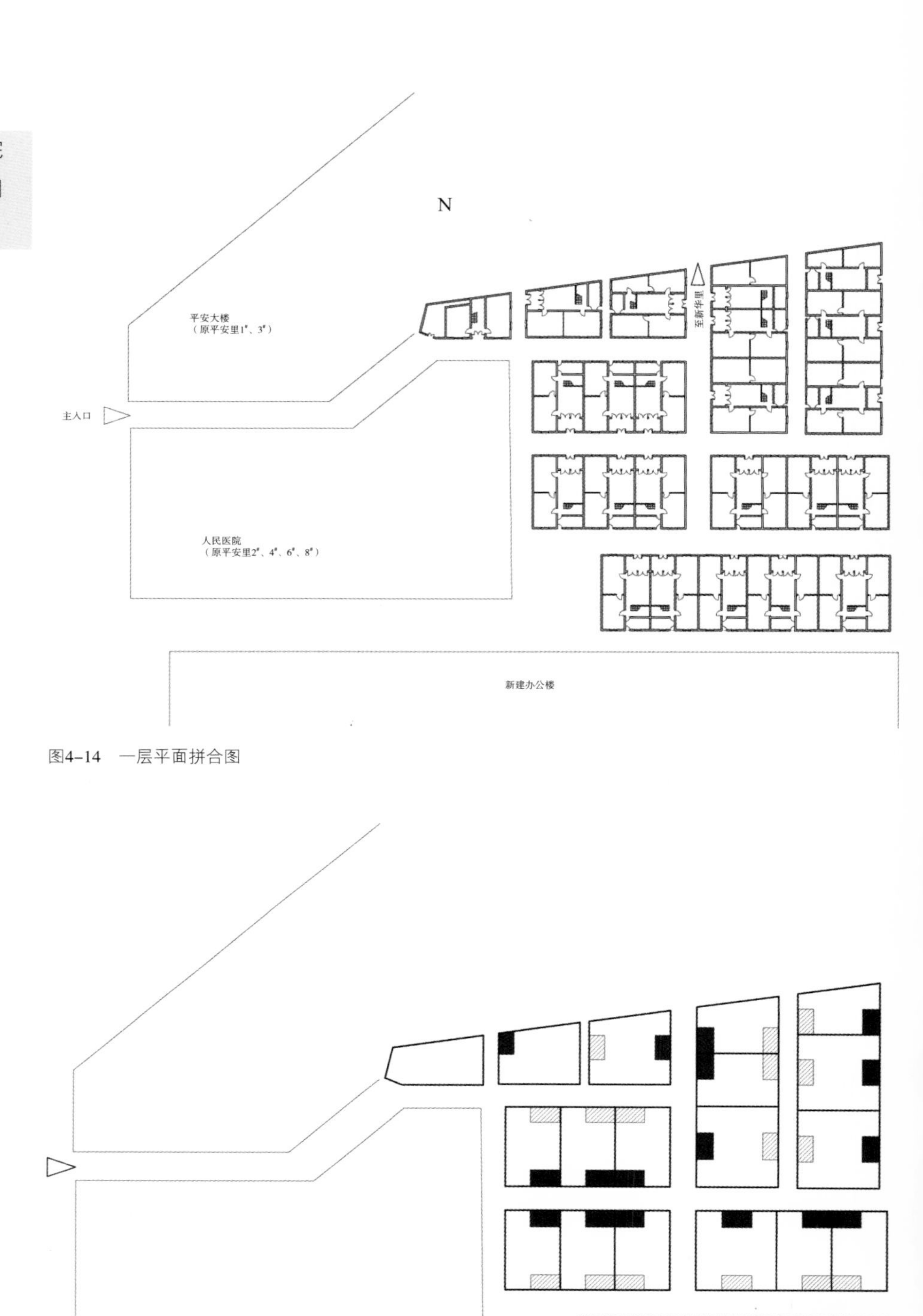

图4-14　一层平面拼合图

前天井　后天井

图4-15　前后天井分布

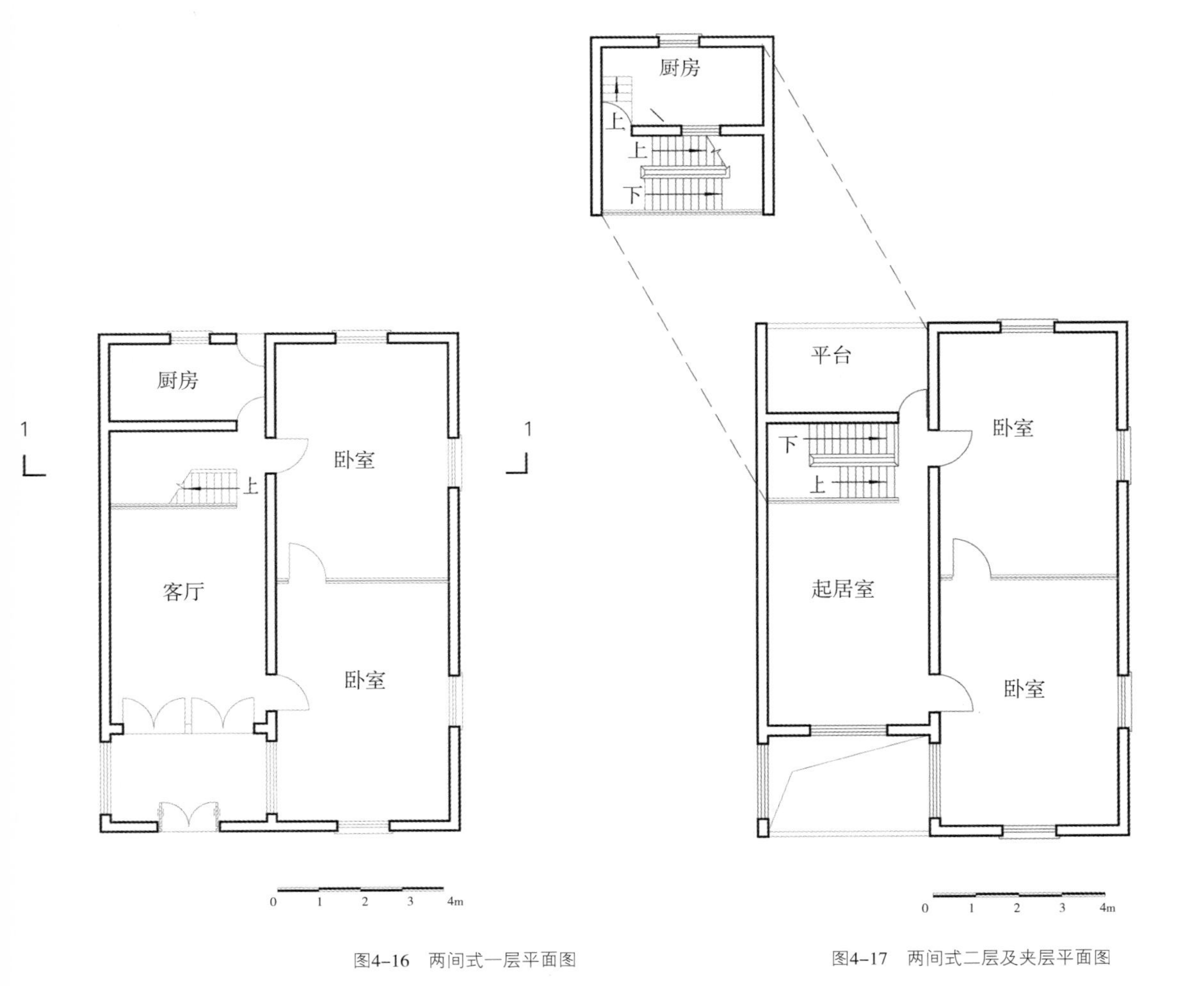

图4-16　两间式一层平面图

图4-17　两间式二层及夹层平面图

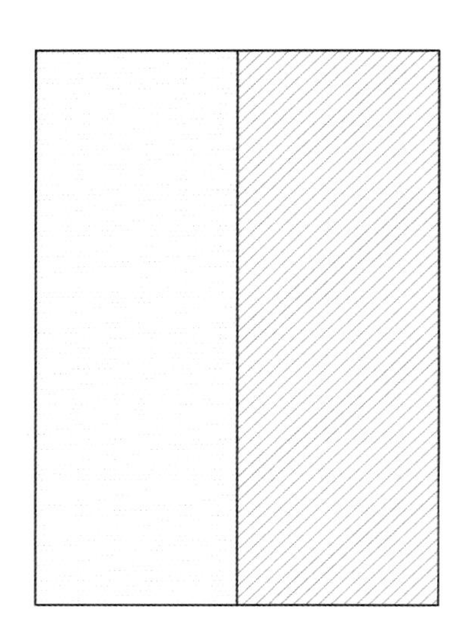

私密空间
公共空间

图4-18　公共空间与私密空间

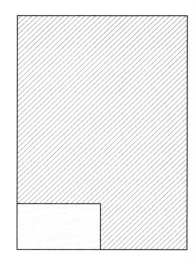

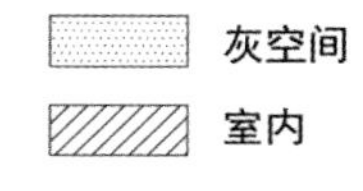

灰空间
室内

图4-19　灰空间

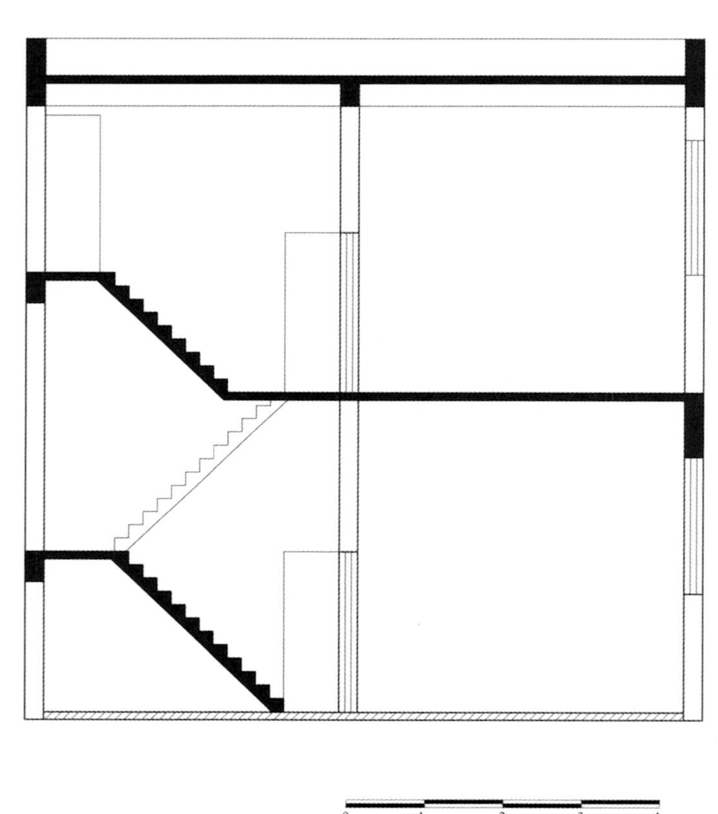

图4-20　两间式1—1剖面图

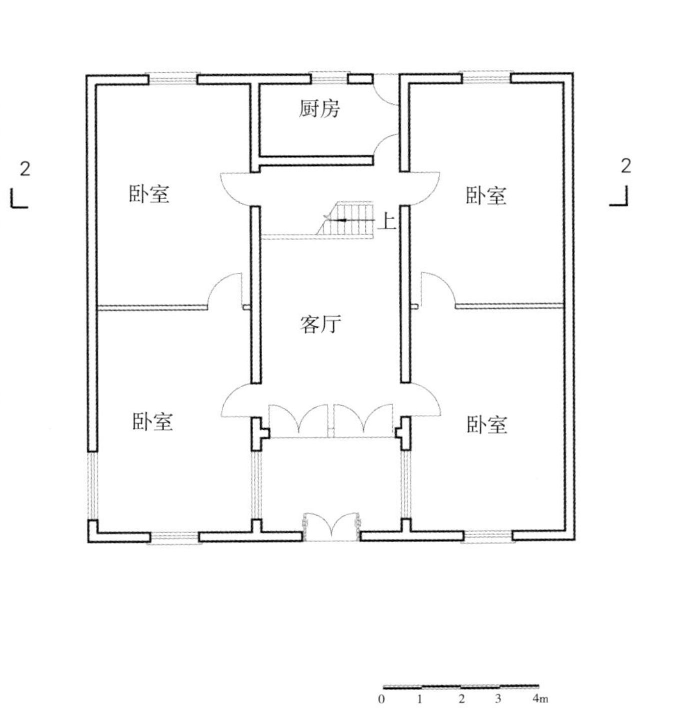

图4-21　三间式一层平面图

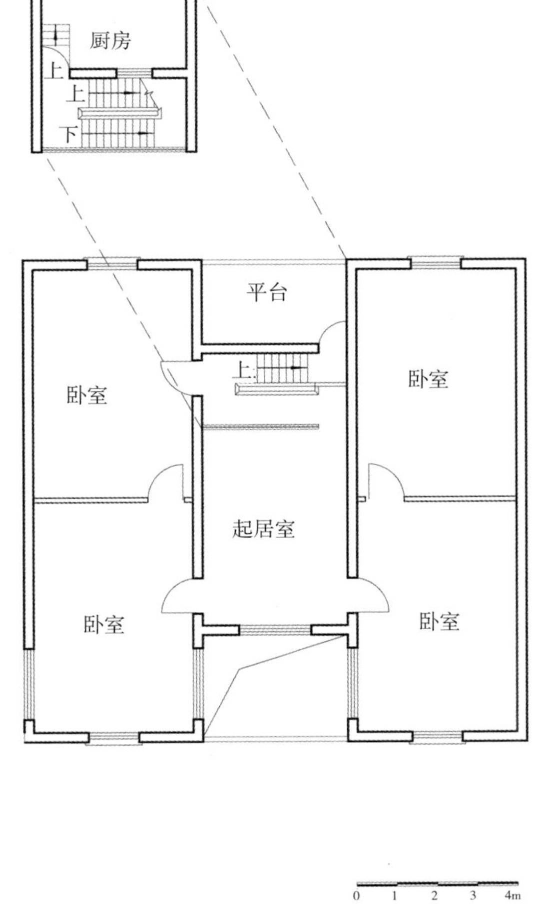

图4-22　三间式二层及夹层平面图

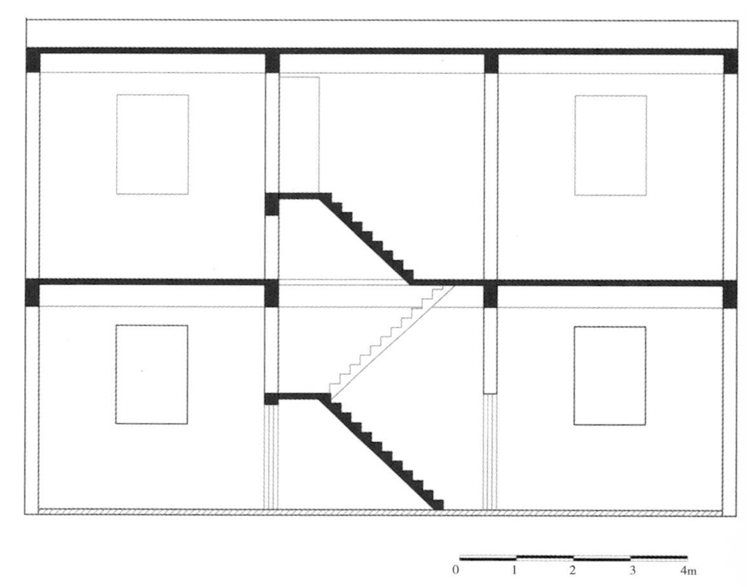

图4-23　2—2三间式剖面图

图4-24　两间式正立面

图4–25　东立面

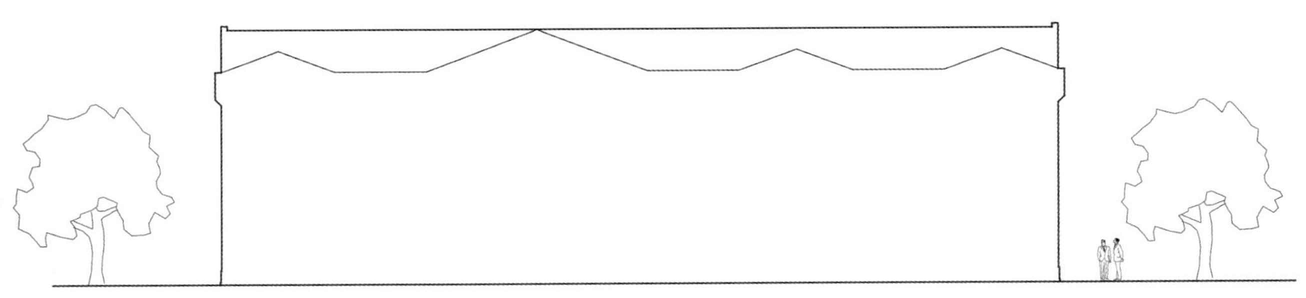

图4–26　建筑体量

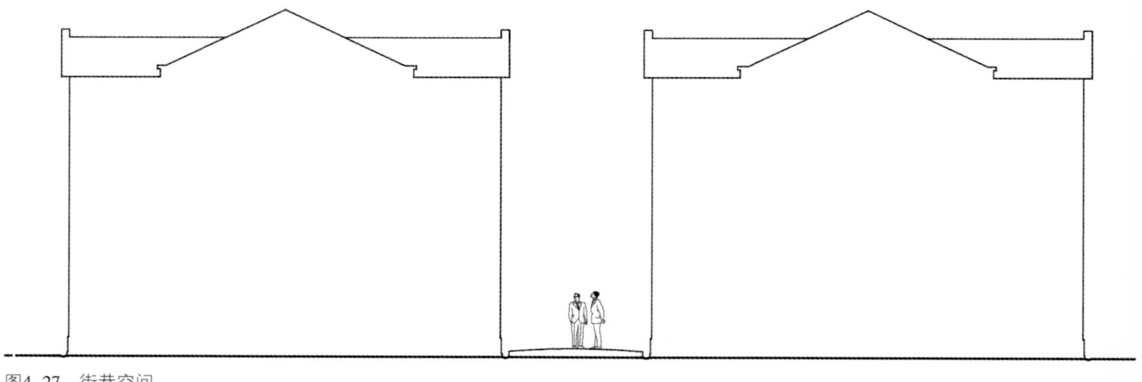

图4-27　街巷空间

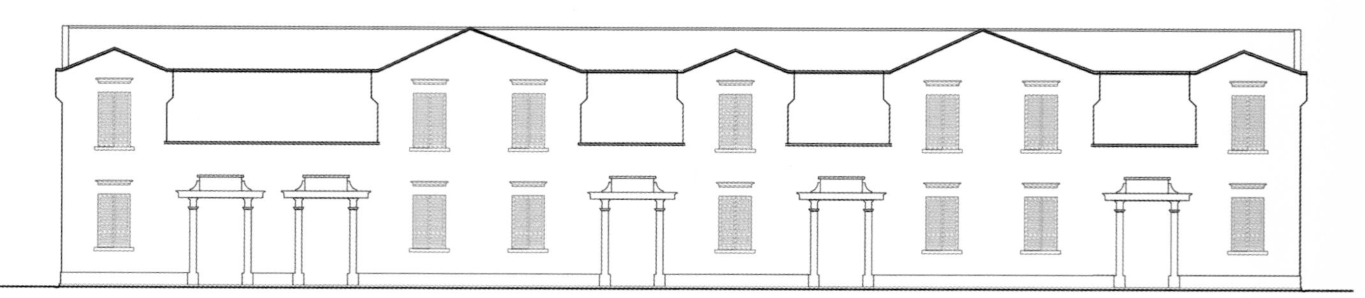

图4-28　韵律

05
第五章

第五章 新华里

新华里位于汉口中山大道中段西北侧，黄兴路北段，占地面积约3068.2m²，建筑面积为4516.3m²，建于1925年，紧靠平安里，与平安里仅有一巷之隔。新华里共有21栋建筑，现存17栋；其4#至13#住宅的建筑形式一致，分别位于街道的两侧，布置为主巷型结构；3#楼曾是国民党办公楼；16#、18#楼因大火已毁，只剩墙基。

第一节 历史沿革

新华里历史沿革

时 间	事 件
1925年	华商总会买办们发起建设模范区
1925年后	不同业主分期购地建设
1938—1945年	抗日战争时期部分房屋损毁
1966年	新华里民国时期叫天福里，后改名为新华里，同时将崇德里并入
现在	由武汉市民族宗教事务委员会管理

第二节 建筑概览

辛亥革命爆发后，租界成了“安全区”，新华里毗邻汉口法租界，大量百姓向租界流动，为了满足居住的需要，部分华商在此建立了模范区。里巷是欧洲楼房式建筑和中国庭院式风格融合的产物，而新华里是不同业主分期购地建设，在建设前没有进行完善的用地规划，因此形成了顺应人群流动的生长型里分住区。新华里地块大致呈梯形。新华里空间层次相对灵活，建筑分别于街道的两侧布置，有南门和东北一门、东北二门三个出入口与城市街道相连，里分内一部分次巷和支巷为尽端式，土地利用率不够高。

新华里有一条主巷道，房屋基本沿着主巷道两侧规整布局，由于受地形限制，主巷道较为狭窄。主巷道宽度2.8m，一端为道路尽头，另一端连接南门通向城市街道。新华里的住宅布局采用相对错位的排布方式，各住宅主入口均面朝主巷道。新华里规整的里分为4~13#

图5-1　新华里鸟瞰图

图5-2　新华里入口

楼，主要采用二开间式住宅，两层砖木结构，红砖坡屋顶，入口天井。

新华里建筑多数为单元联排式布局，单元平面布局紧凑，功能较齐全，围绕着有采光通风功能的天井布置。为了适应武汉炎热的气候，采用的方法是组织良好的通风并增设遮阴设备；同时，将住宅的窗户安装为双层，内层为玻璃窗，外层为木制百叶窗，阳光过晒时，关上外层百叶窗，既遮阴，又保证室内通风。建筑内的厨房、楼梯、储藏室等功能房间与天井相连。新华里厨房层高为5.1m，夹层空间从楼梯的休息平台进入，低矮狭窄，层高仅2.7m。投资方为了追求利益最大化，平面内房屋拥挤、布置混乱、采光通风不佳，从而造成屋内易潮湿、光线昏暗；同时，里分内也无绿地等公共休闲娱乐空间。

新华里照片详见图5-1~图5-7所示。

图5-3　街巷空间（1）

图5-4 街巷空间（2）

图5-6 住宅透视

图5-5 街巷空间（3）

图5-7 窗户细部

第三节　技术图则

依据建筑实测图纸，部分辅以三维建模，用技术图则方式解析新华里的环境布局、平面布置、功能流线、围护结构等规划建筑诸元素。

新华里技术图则详见图5-8~图5-30所示。

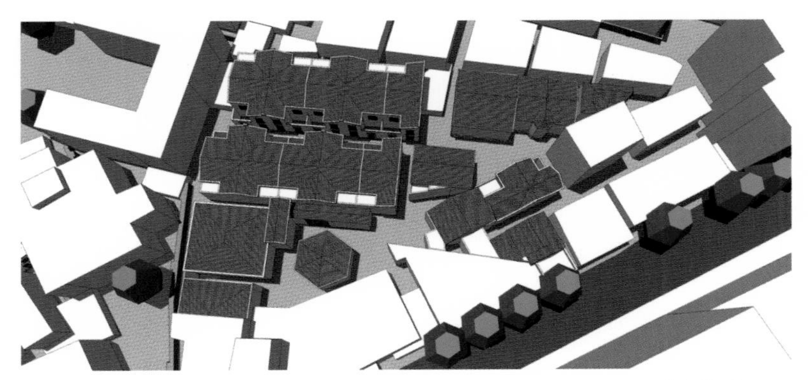

图5-8　新华里模型鸟瞰图

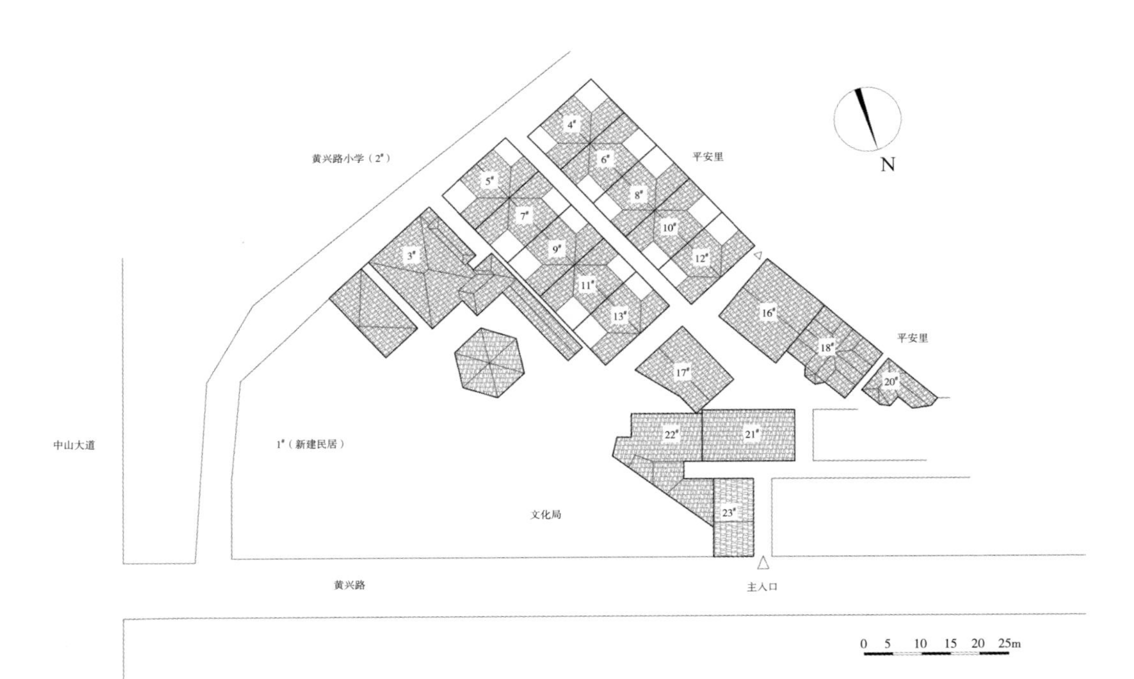

图5-9　新华里总平面图

◆ 主入口位于北侧，建筑沿着一条主巷道两侧排列。

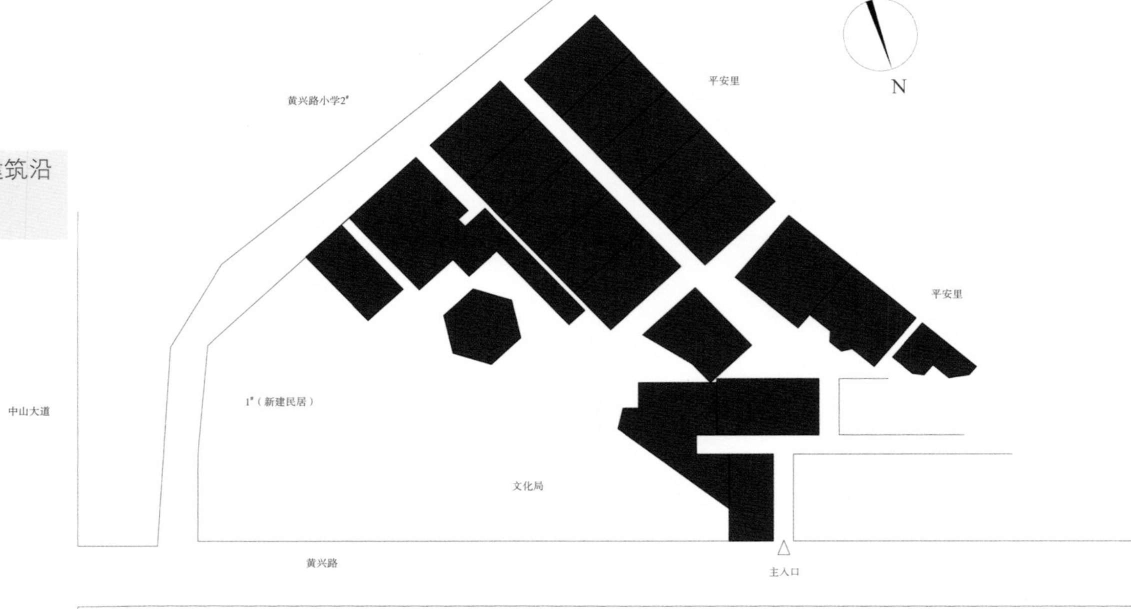

图5-10 主巷型布局

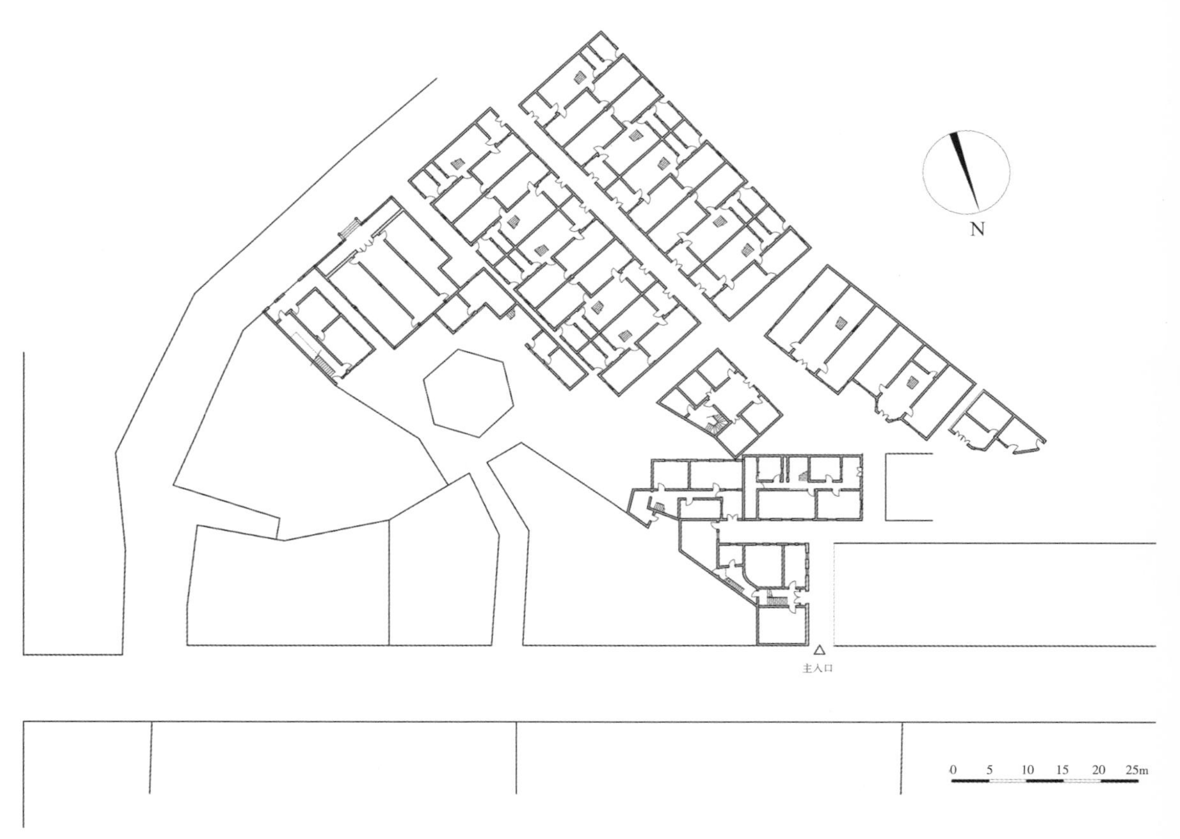

图5-11 一层平面拼合图

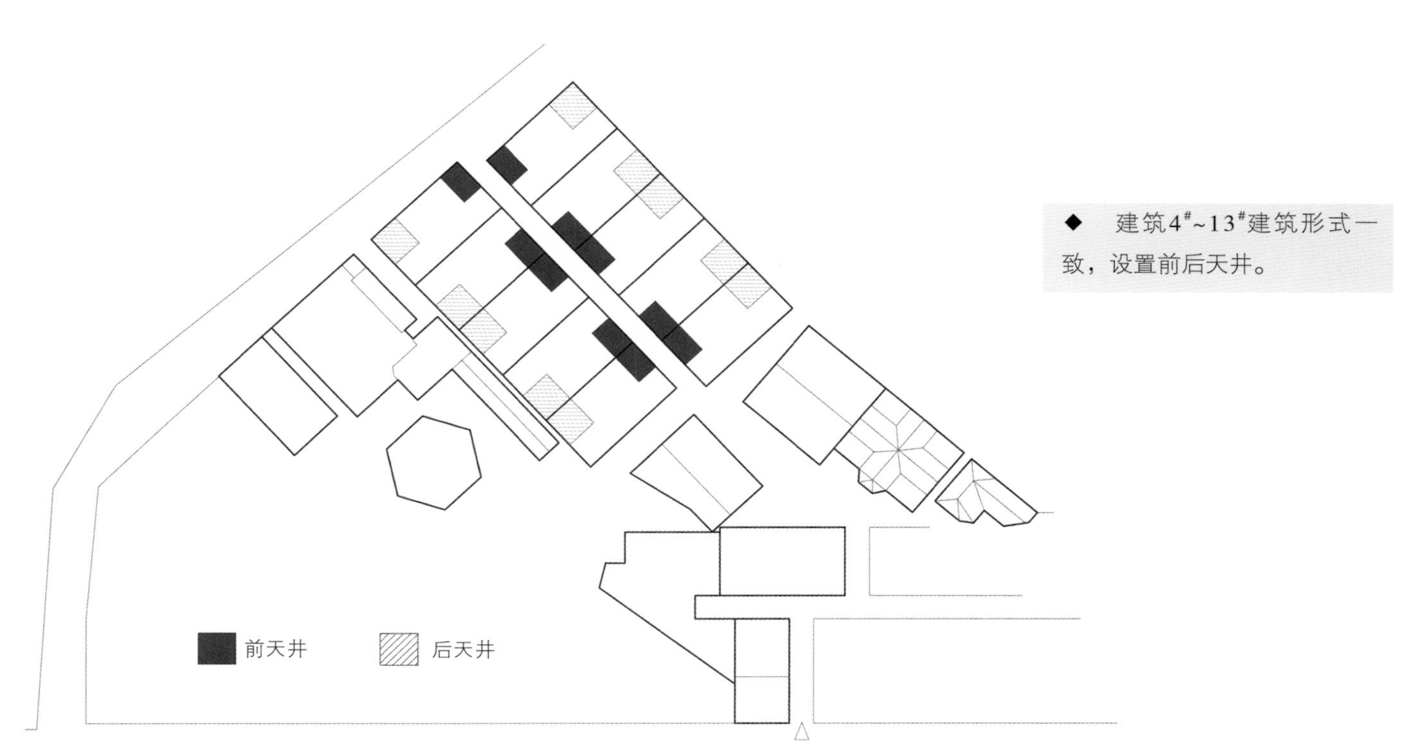

图5-12　前后天井分布

◆　建筑4#~13#建筑形式一致，设置前后天井。

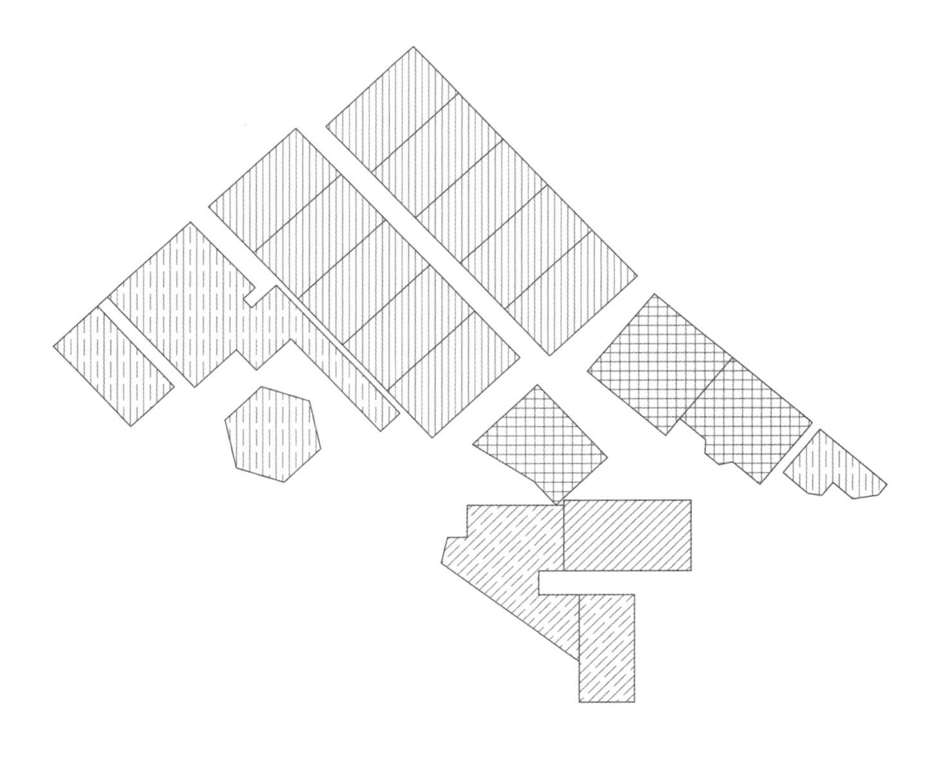

图5-13　户型分布

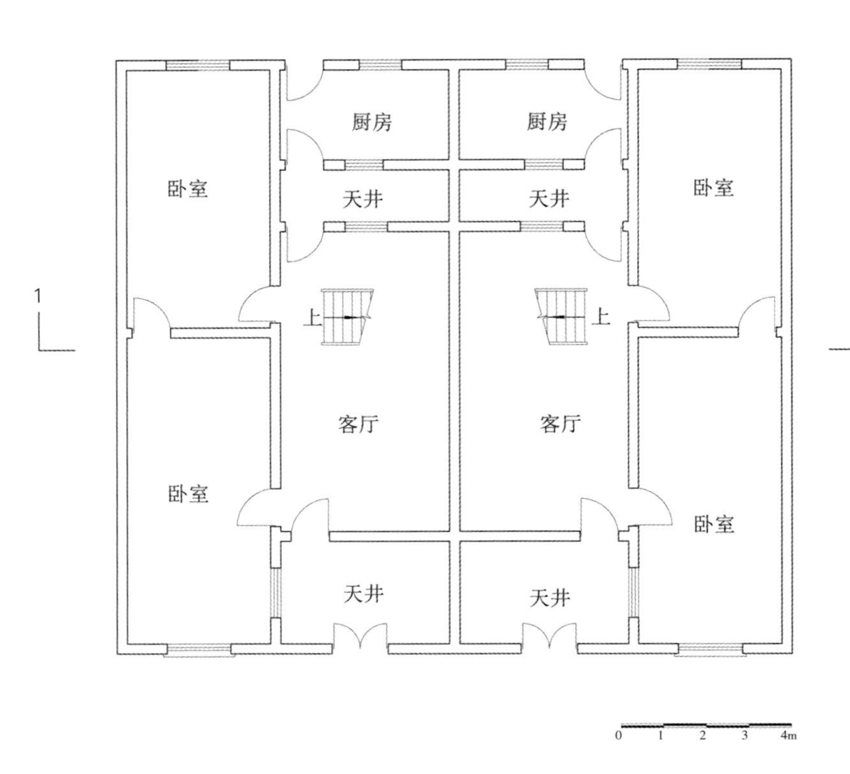

图5-14　6#楼、8#楼一层平面图

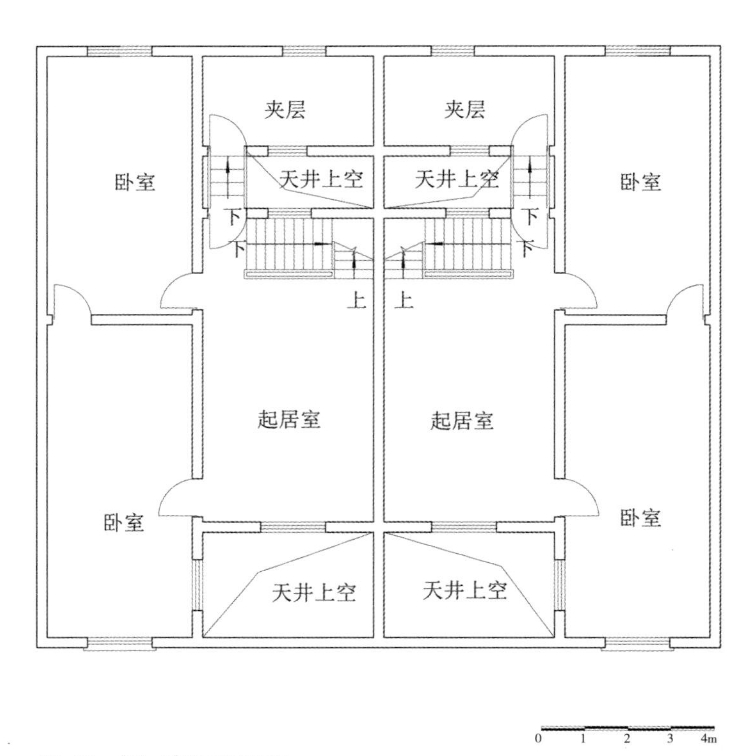

图5-15　6#楼、8#楼二层平面图

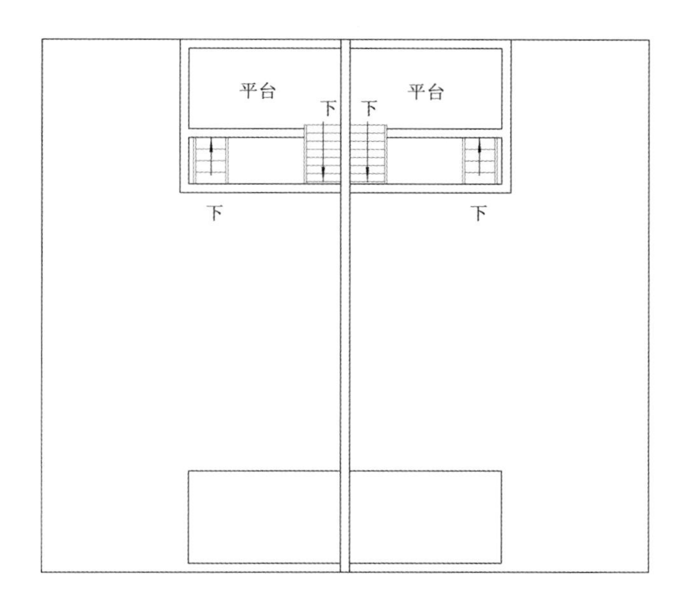

图5-16　6#楼、8#楼三层平面图

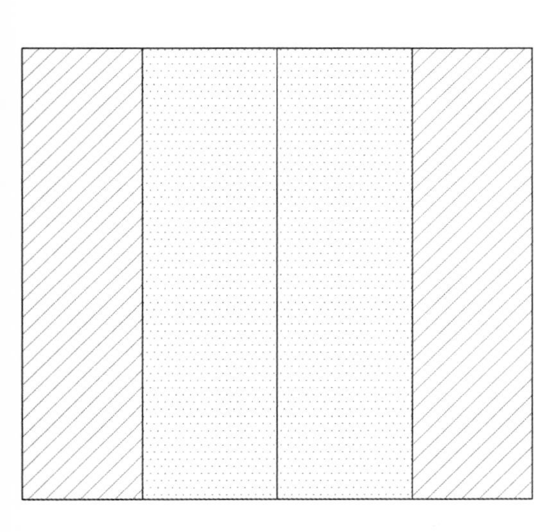

私密空间

公共空间

图5-17　公共空间与私密空间

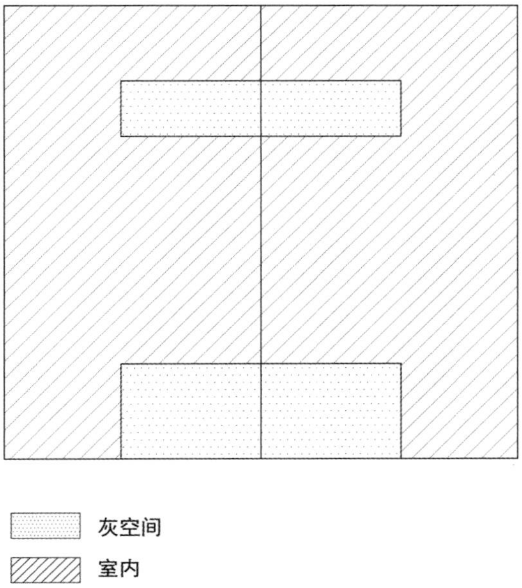

灰空间

室内

图5-18　灰空间

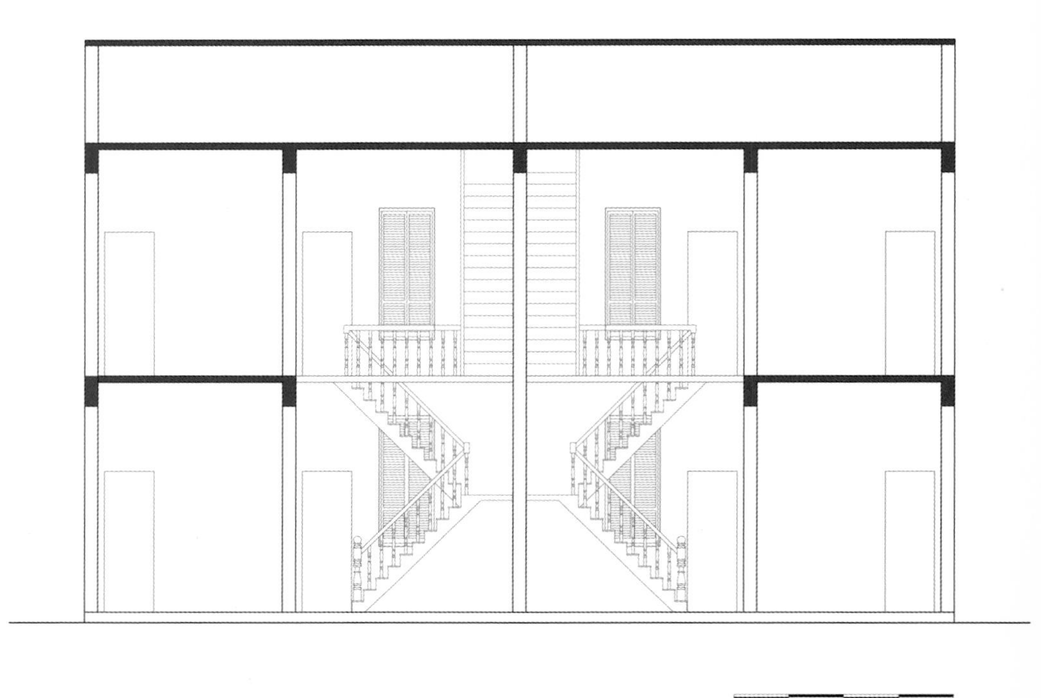

图5-19　6#楼、8#楼1—1剖面图

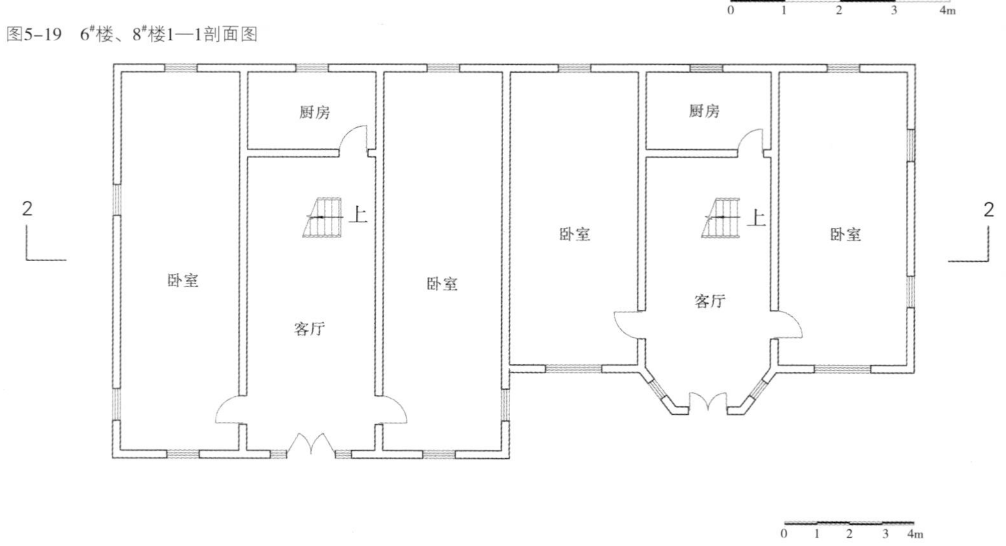

图5-20　16#楼、18#楼一层平面图

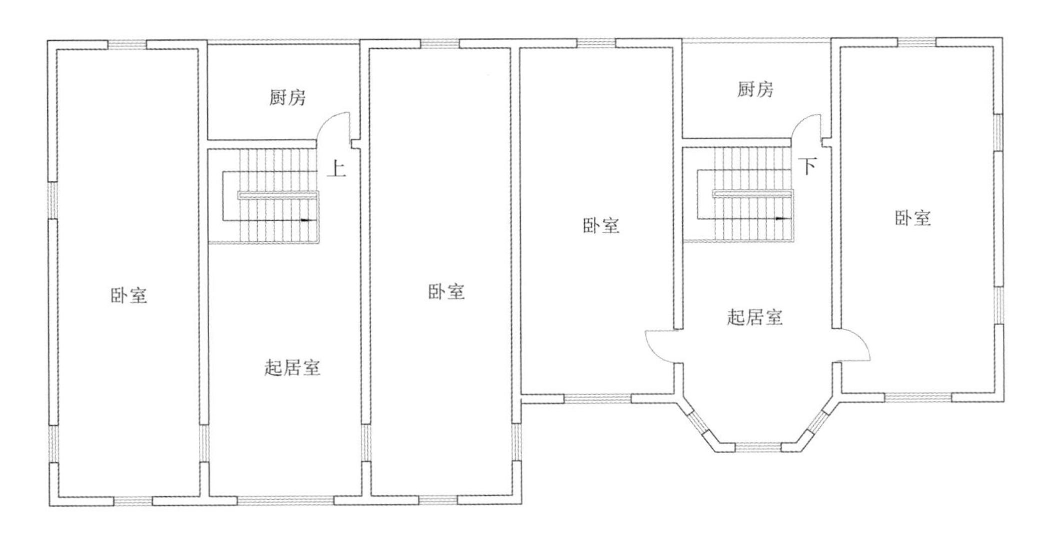

图5-21　16#楼、18#楼二层平面图

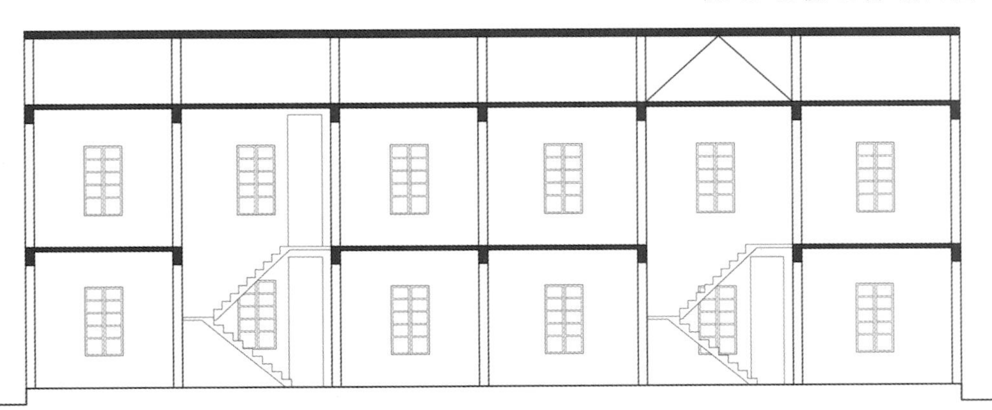

图5-22　16#楼、18#楼2—2剖面

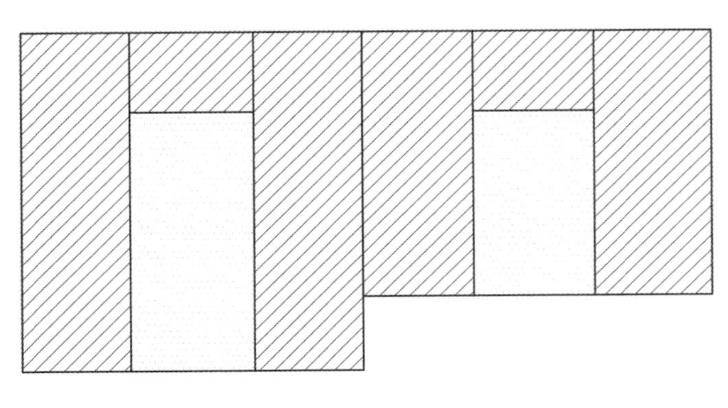

图5-23　公共空间与私密空间

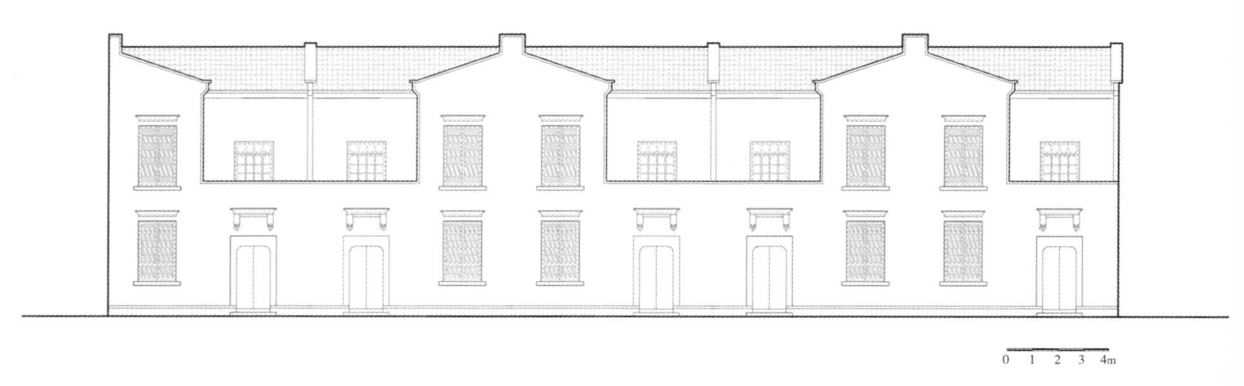

图5-24 4#楼~12#楼东北立面

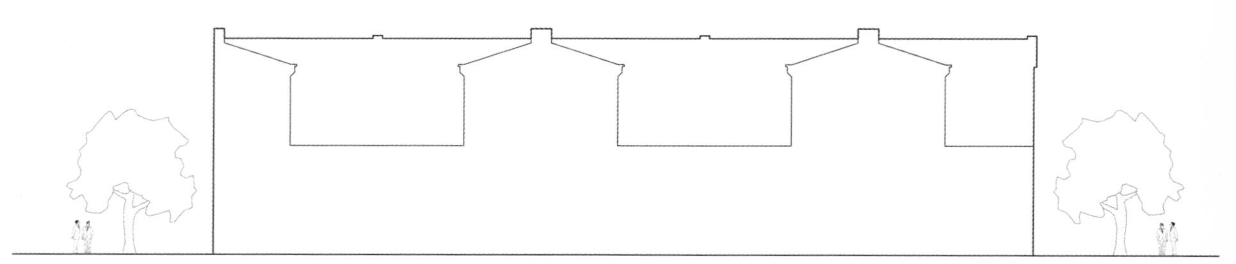

图5-25 4#楼~12#楼建筑体量

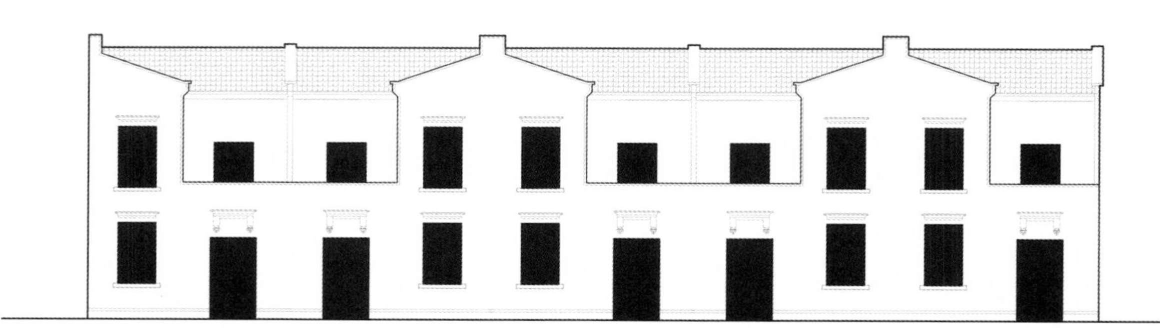

图5-26 4#楼~12#楼立面凹凸

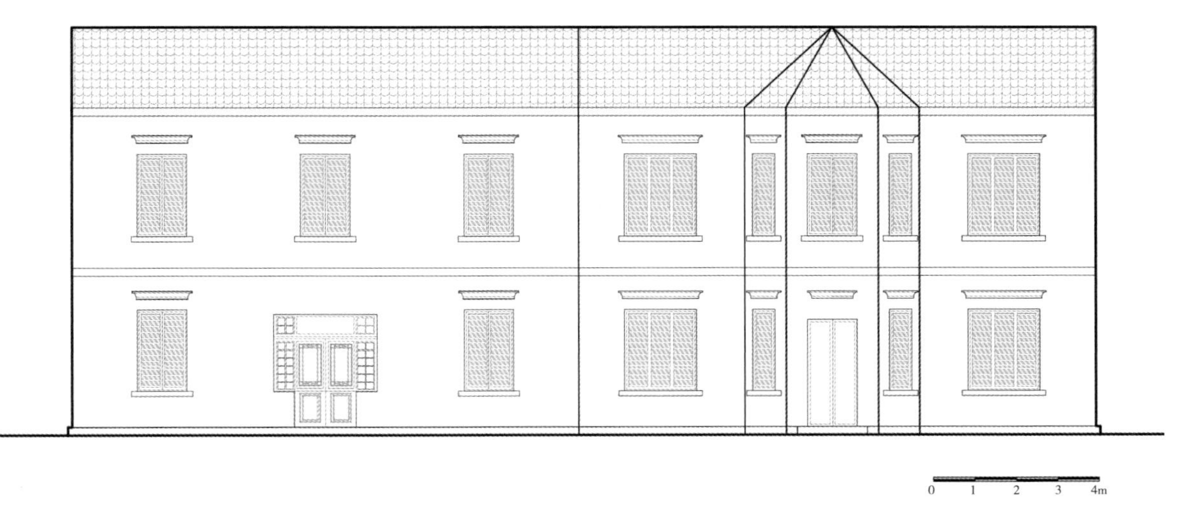

图5-27　16#楼、18#楼正立面图

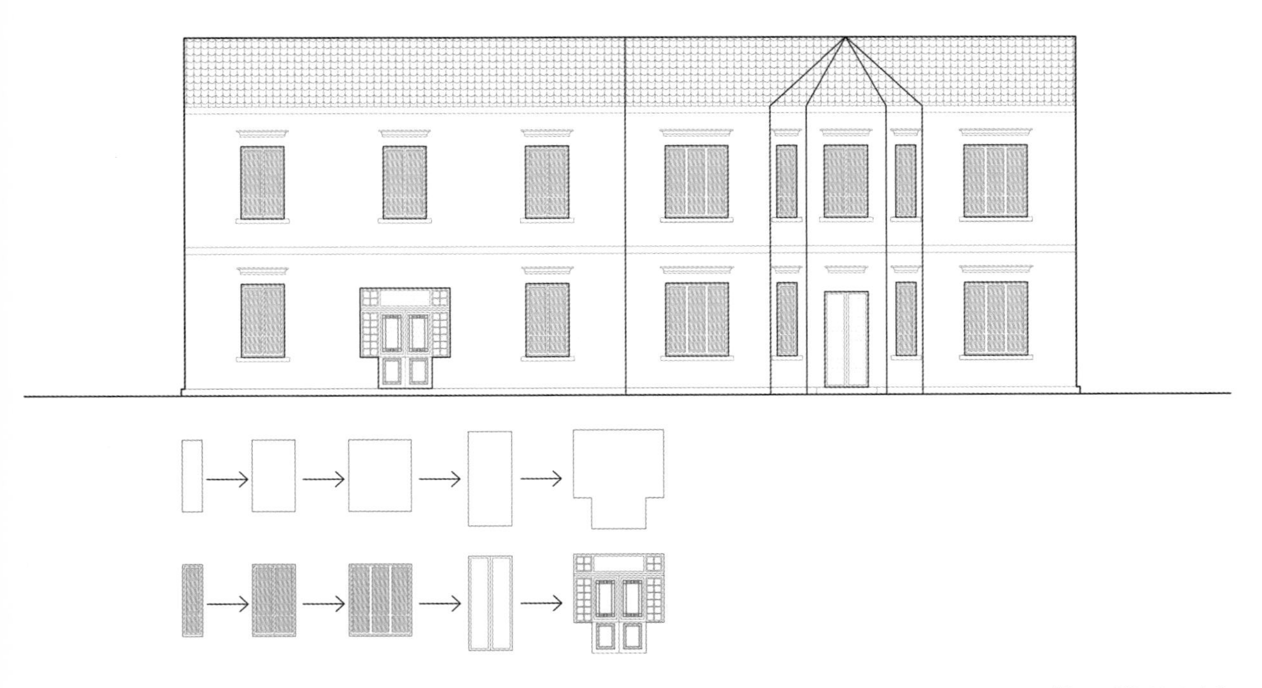

图5-28　16#楼、18#楼重复与变化

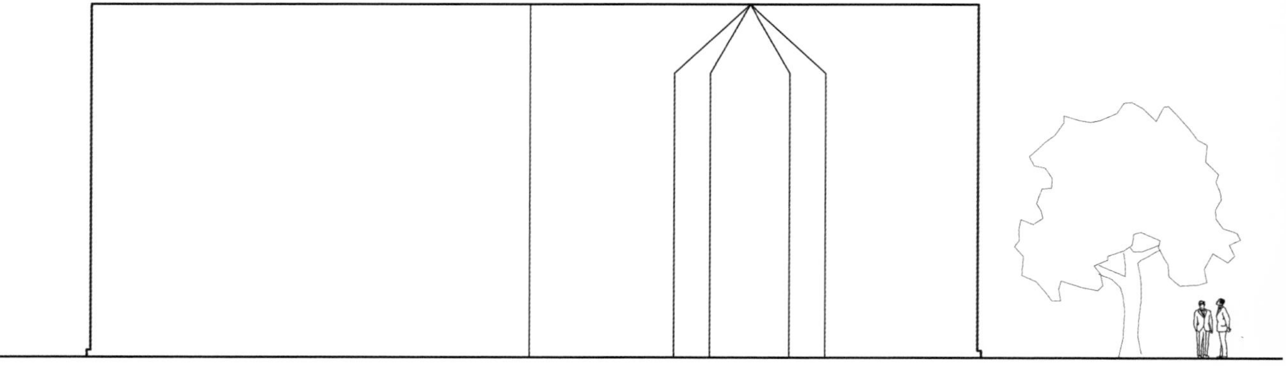

图5-29　16#楼、18#楼建筑体量

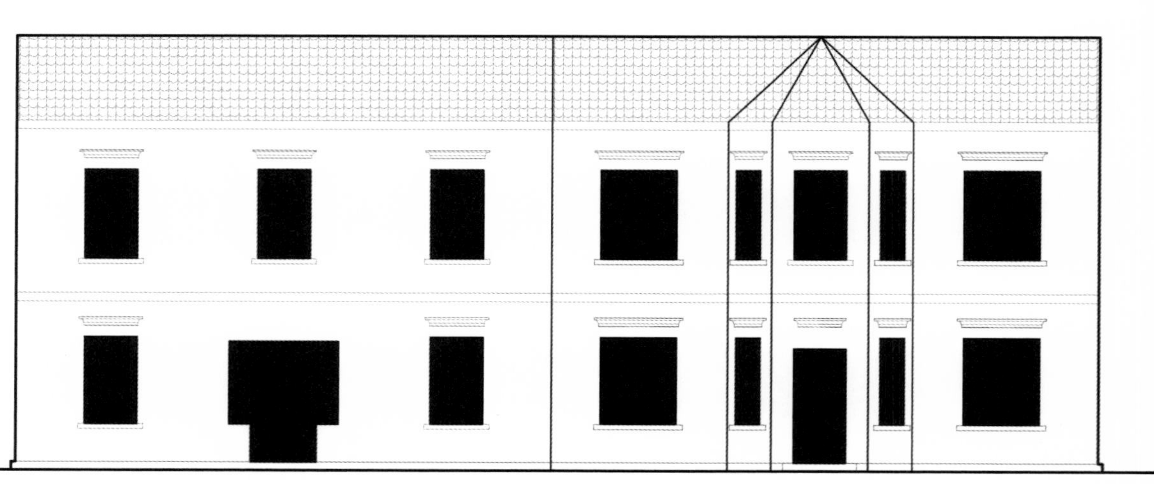

图5-30　16#楼、18#楼立面凹凸

06
第六章

第六章 延庆里、四美里

延庆里、四美里地处中山大道东侧，三阳路南侧。四美里建于1920年，为德租界内四明银行①投资兴建。延庆里建于1933年，由钟恒记营造厂钟延生向英商安利洋行租地自建，共20栋住宅，现存17栋。延庆里、四美里通过一条过街走廊相连，住宅多为两层楼房，主巷贯通整个里分。

第一节 历史沿革

延庆里、四美里历史沿革

时　间	事　件
1920年	四明银行投资建设四美里
1933年	钟恒记营造厂钟延生向英商安利洋行租地自建
1945年	延庆里由铁路局、供电局、司法局三个单位共有
1985年	延庆里进行房改，一部分卖给个人

第二节 建筑概览

四美里为德租界内四明银行投资兴建。四明银行投建物前均冠以“四”字，且设计造型美观，构图精巧，得“四美”之名。1933年，钟恒记营造厂老板钟延生建房成里，以自己名中的延字冠之，命名延庆里。延庆里、四美里两者所处地理位置相同，通过一条过街走廊相连，住宅多为两层楼房，结构为砖木结构，采用联立成排的方式建造。

建筑总体布局为主巷型，充分利用地段紧凑布局。单体平面为传统三合院，前院为天井，形成三间两厢及其他变体，排列整齐，便于通风。主巷入口采用过街楼形式，细部与装饰方面渗入了大量的西方风格，在西方色彩颇为浓重的装饰中却又流露出中国传统文化的痕迹，使住宅具有了明显的可识别性。延庆里门形简洁而大方，用水泥做了一些简单的线脚。四美里的门装饰稍复杂，门楣是用水泥做成的一些雕饰。

① 四明银行是旧中国主要商业银行之一，1908年（清光绪三十四年）成立，曾从清政府处取得银行券发行权。经营一般商业银行及储蓄、信托、仓库等业务，房地产投资较多，总行设上海。

延庆里、四美里照片详见图6-1~图6-7所示。

图6-1　延庆里入口

图6-2　街巷空间（1）

图6-3　街巷空间（2）

图6-4　街巷空间（3）

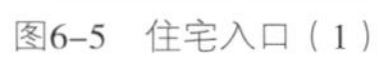

图6-5　住宅入口（1）

图6-6　住宅入口（2）

图6-7　窗户

第三节　技术图则

依据建筑实测图纸，部分辅以三维建模，用技术图则方式解析延庆里、四美里的环境布局、平面布置、功能流线、围护结构、采光及通风等规划建筑诸元素。

延庆里、四美里技术图则详见图6-8~图6-28所示。

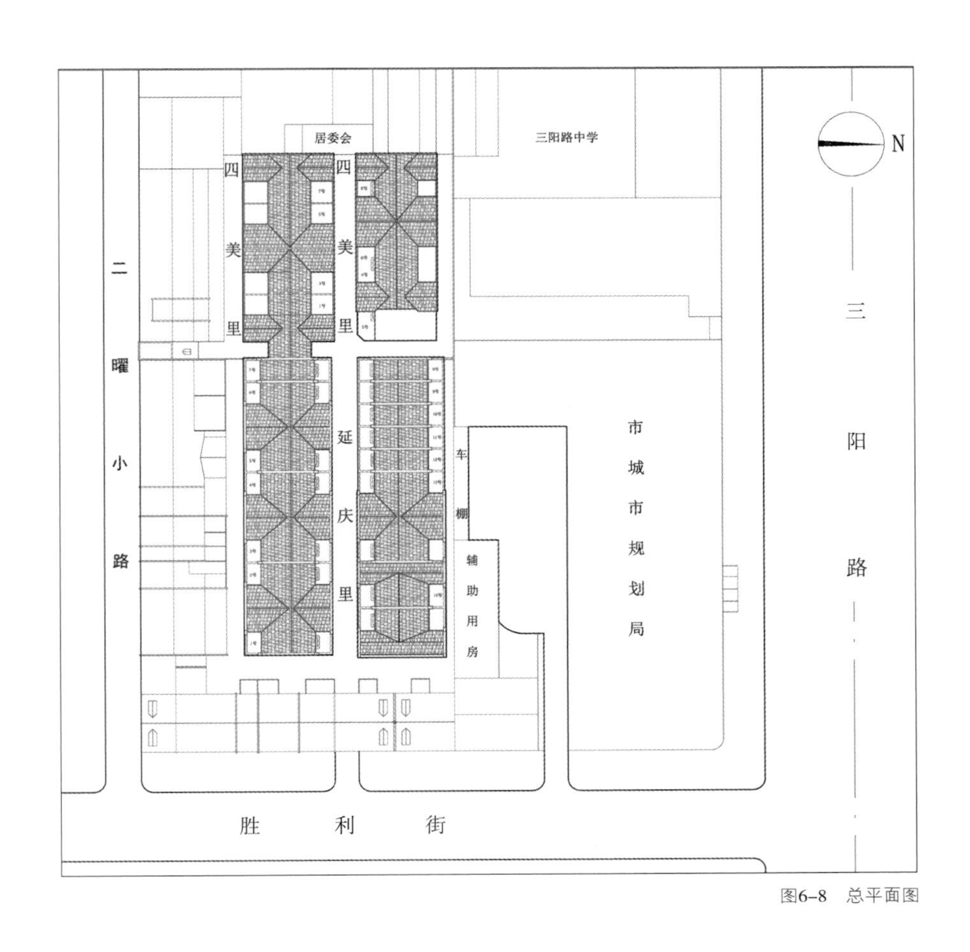

图6-8　总平面图

◆　采用主巷式布局，充分利用地段、紧凑布局，便于采光通风。

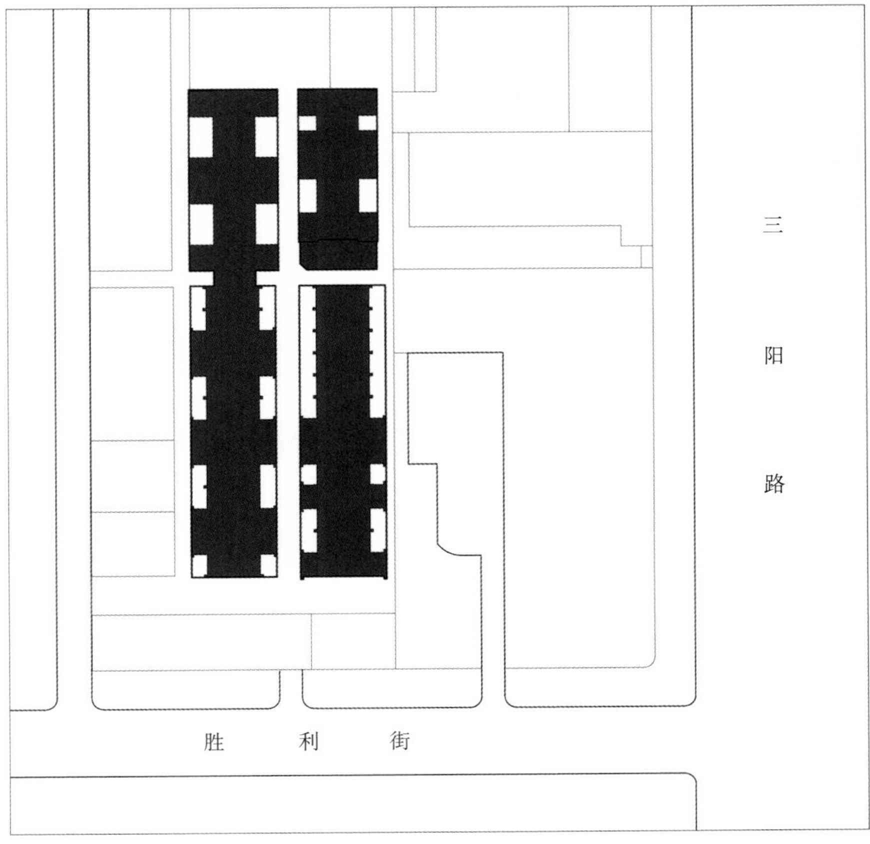

图6-9　主巷式布局

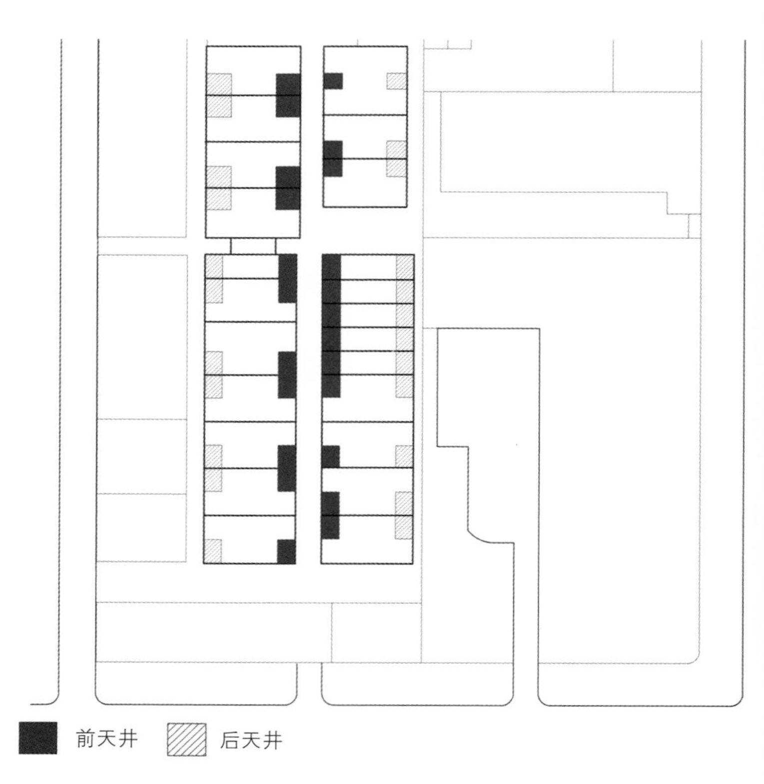

图6-10　天井分布

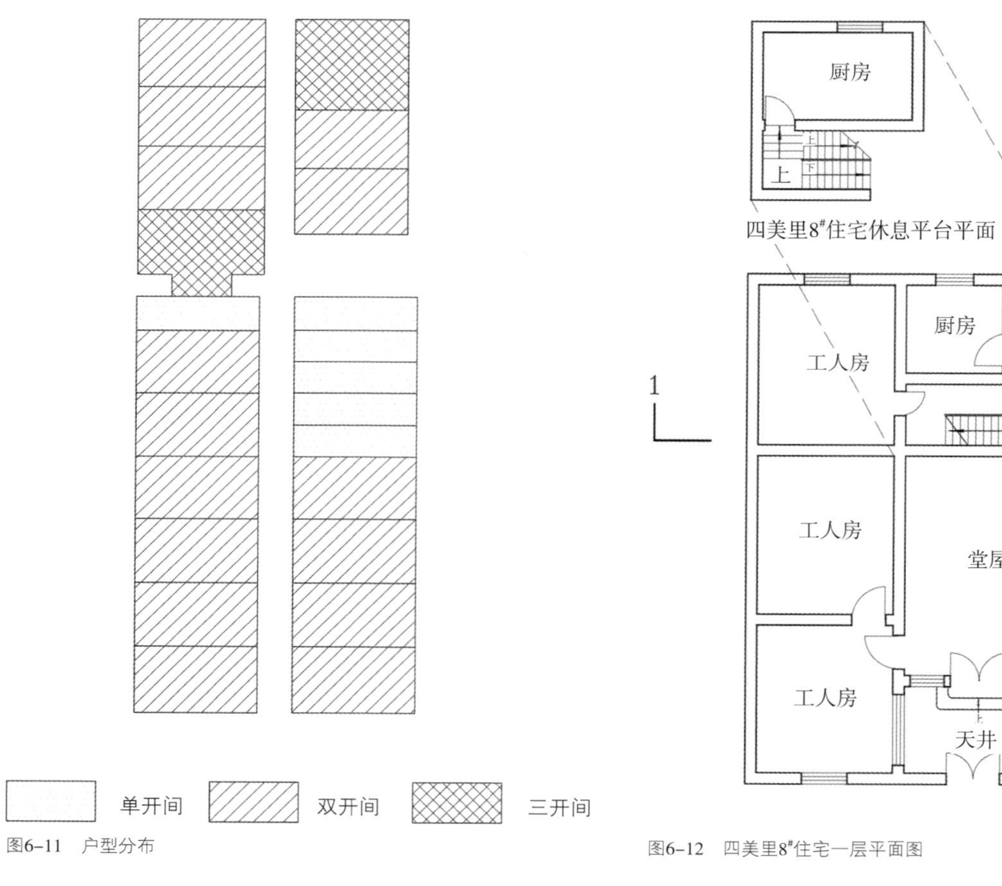

图6-11　户型分布

图6-12　四美里8#住宅一层平面图

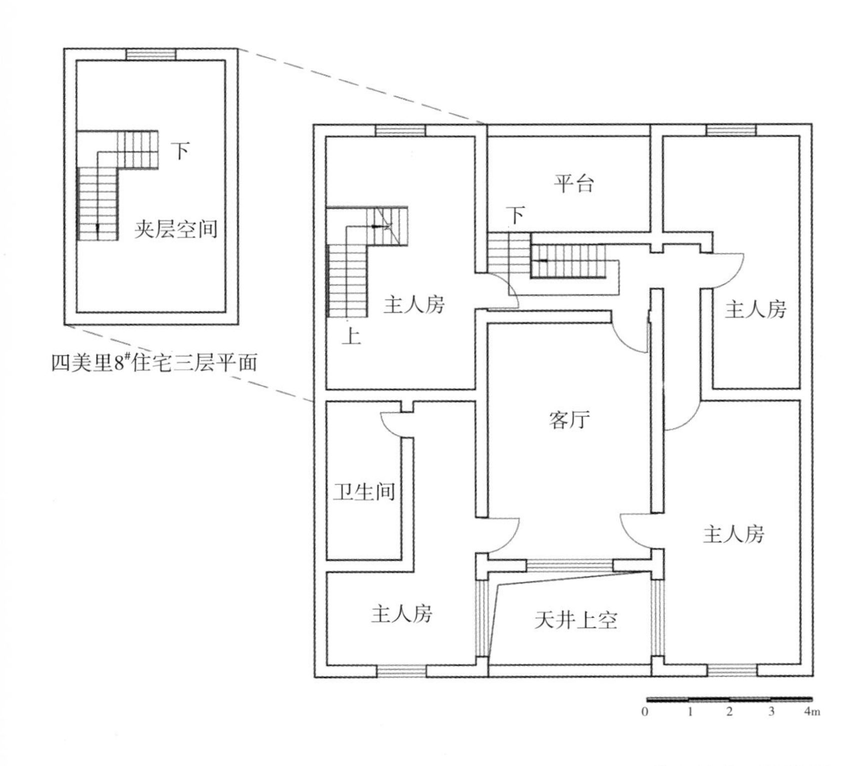

图6-13　四美里8#住宅二层平面图

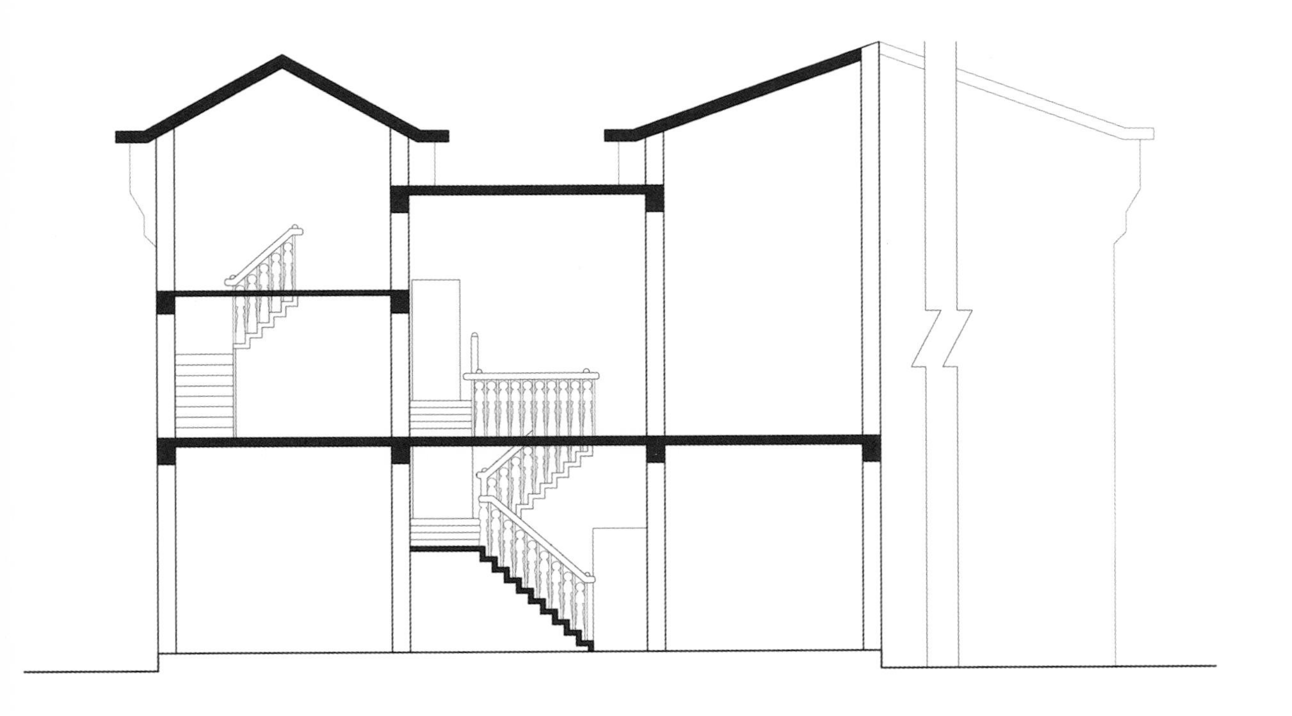

图6-14　四美里8#住宅1—1剖面图

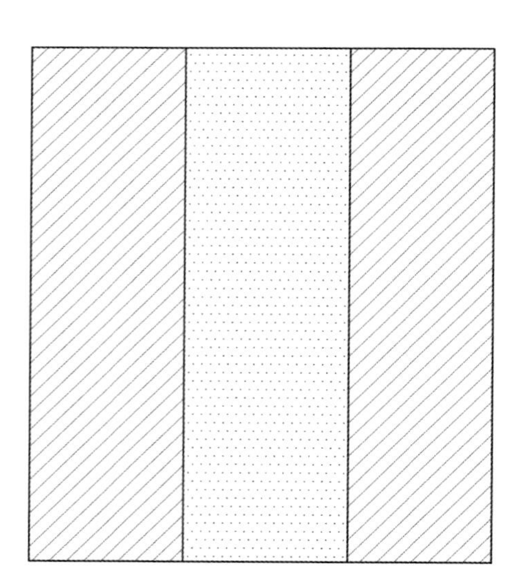

私密空间
公共空间

图6-15　公共空间与私密空间

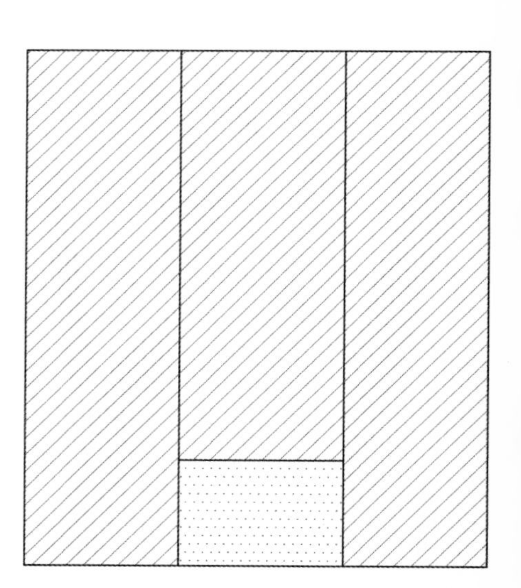

灰空间
室内

图6-16　灰空间

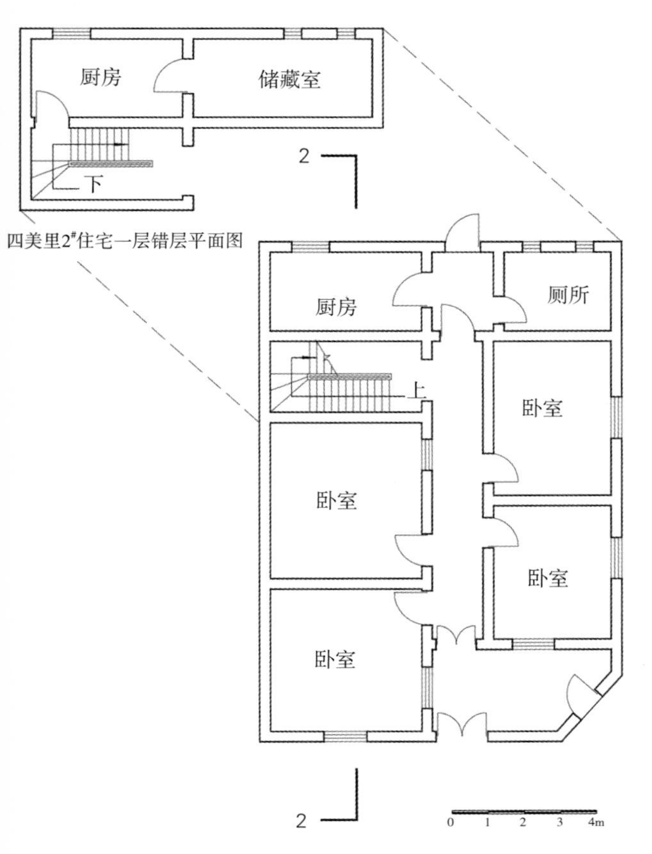

图6-17　四美里2#住宅一层平面图

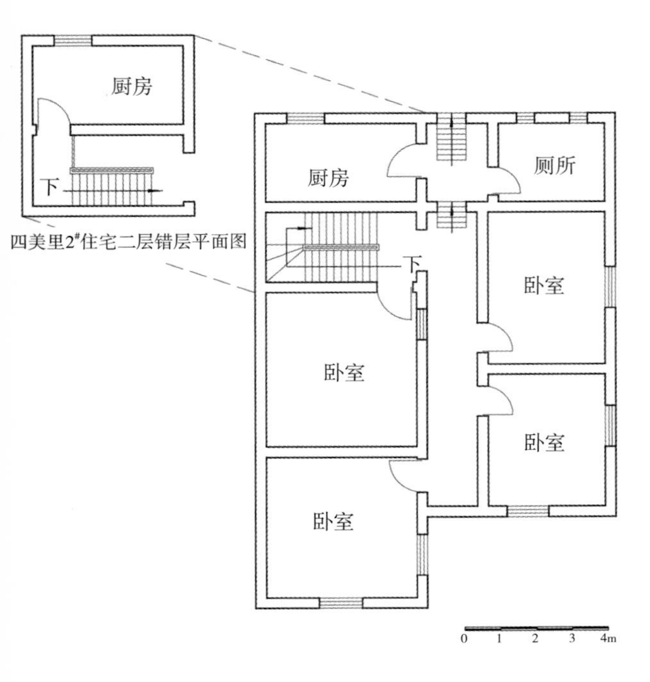

图6-18　四美里2#住宅二层平面图

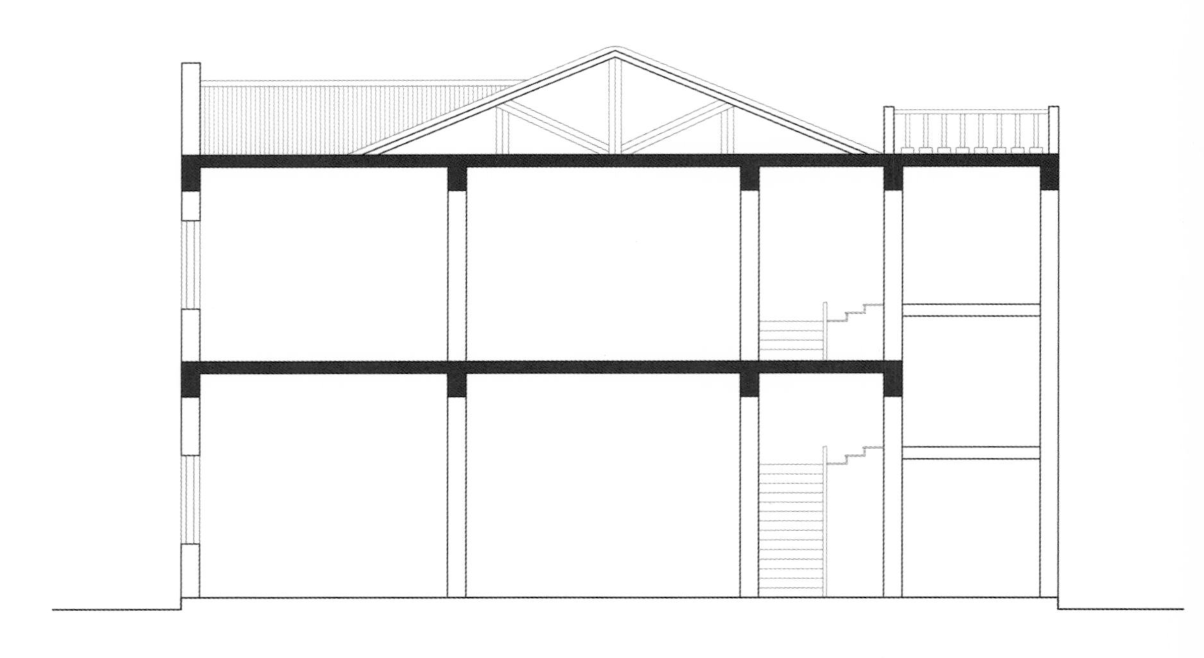

0 1 2 3 4m

图6–19　四美里2#住宅2—2剖面图

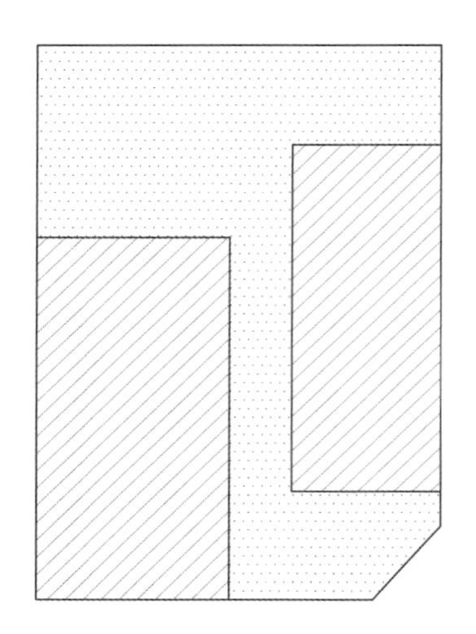

私密空间

公共空间

图6–20　公共空间与私密空间

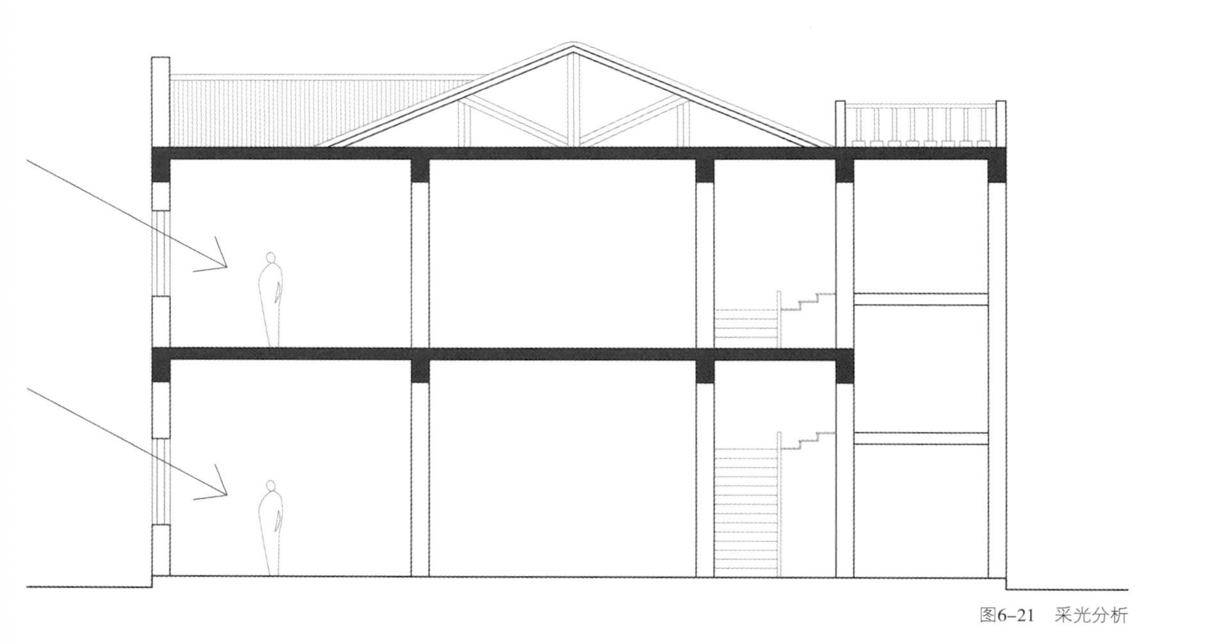

图6–21　采光分析

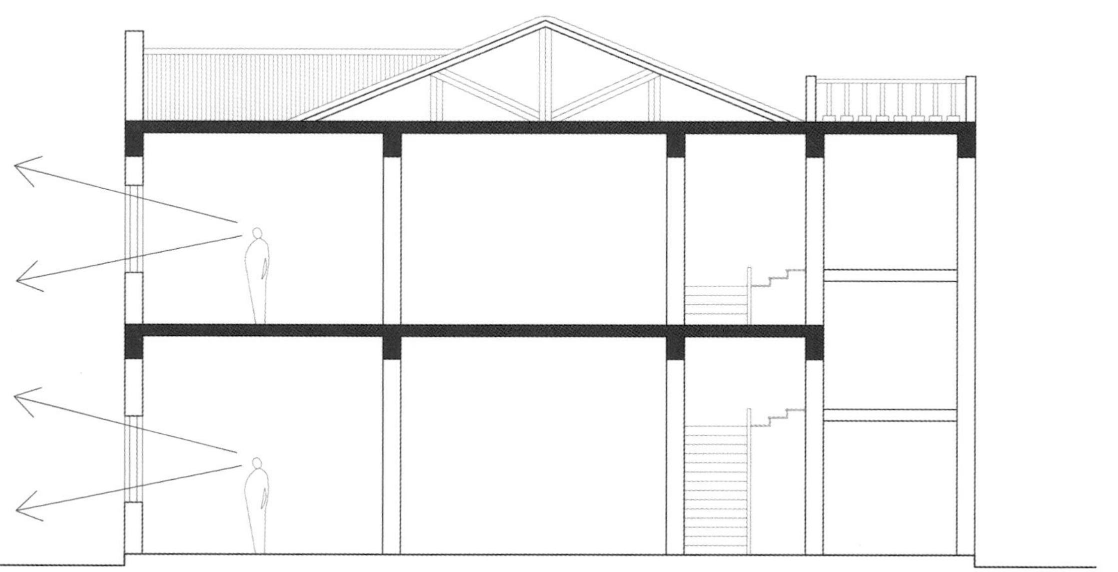

图6–22　视线分析

图6-23　四美里2#、4#、6#、8#住宅立面

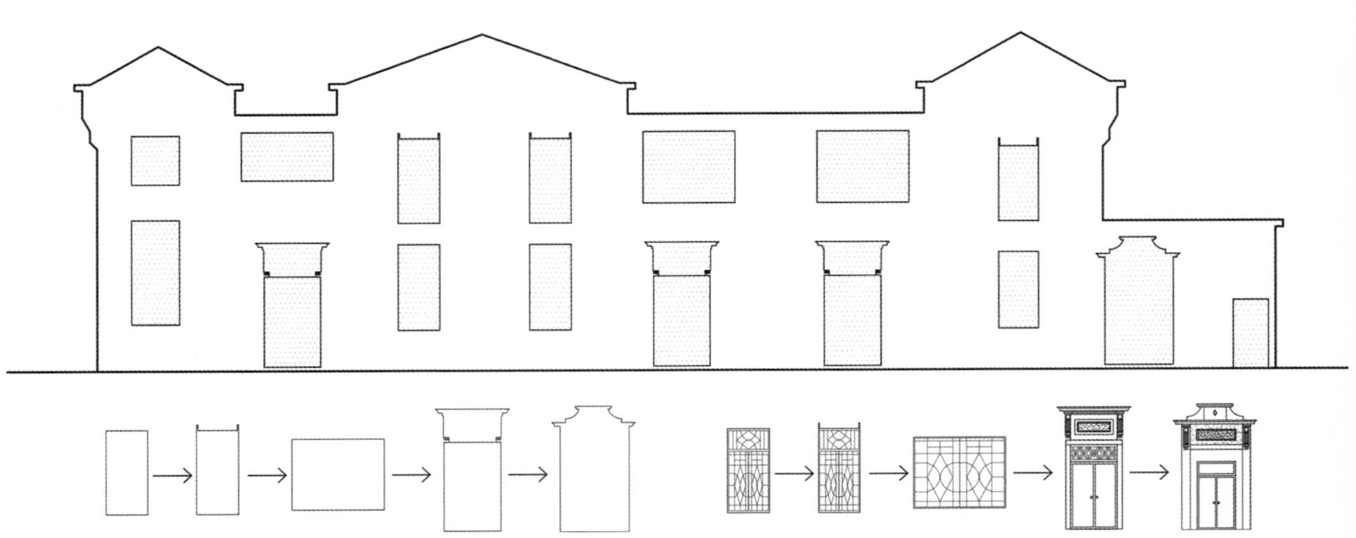

图6-24　重复与变化

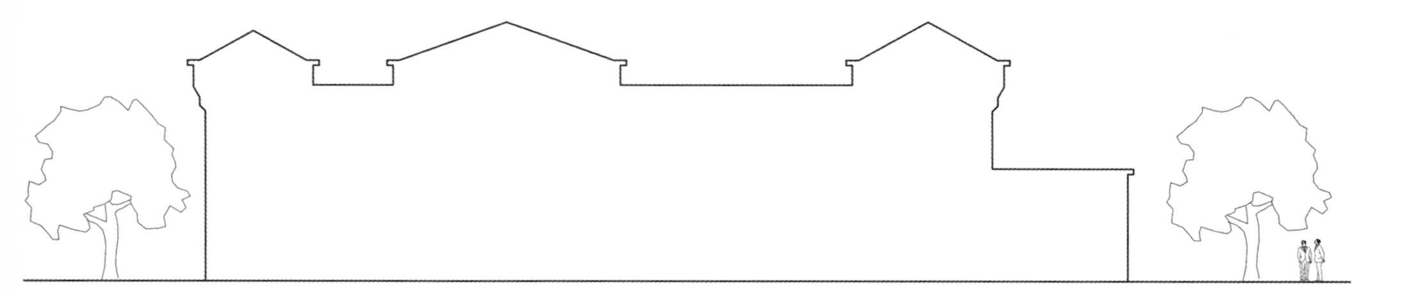

图6-25　建筑体量

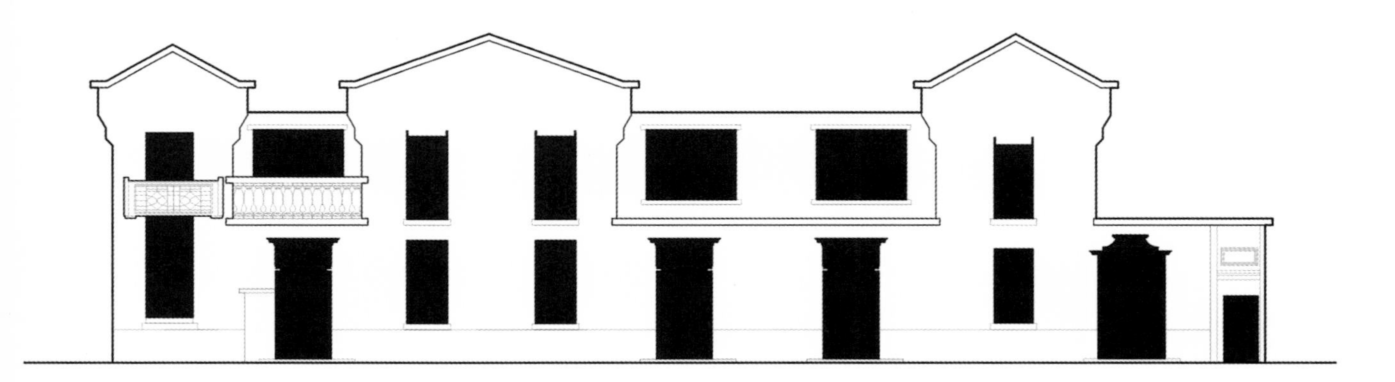

图6-26　立面凹凸

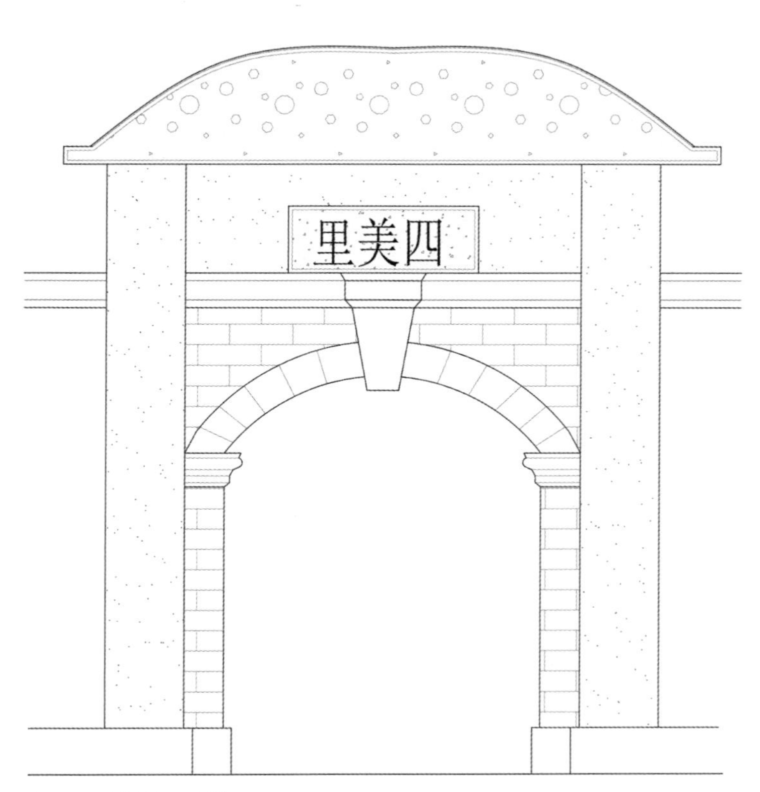

图6–27　四美里入口大样

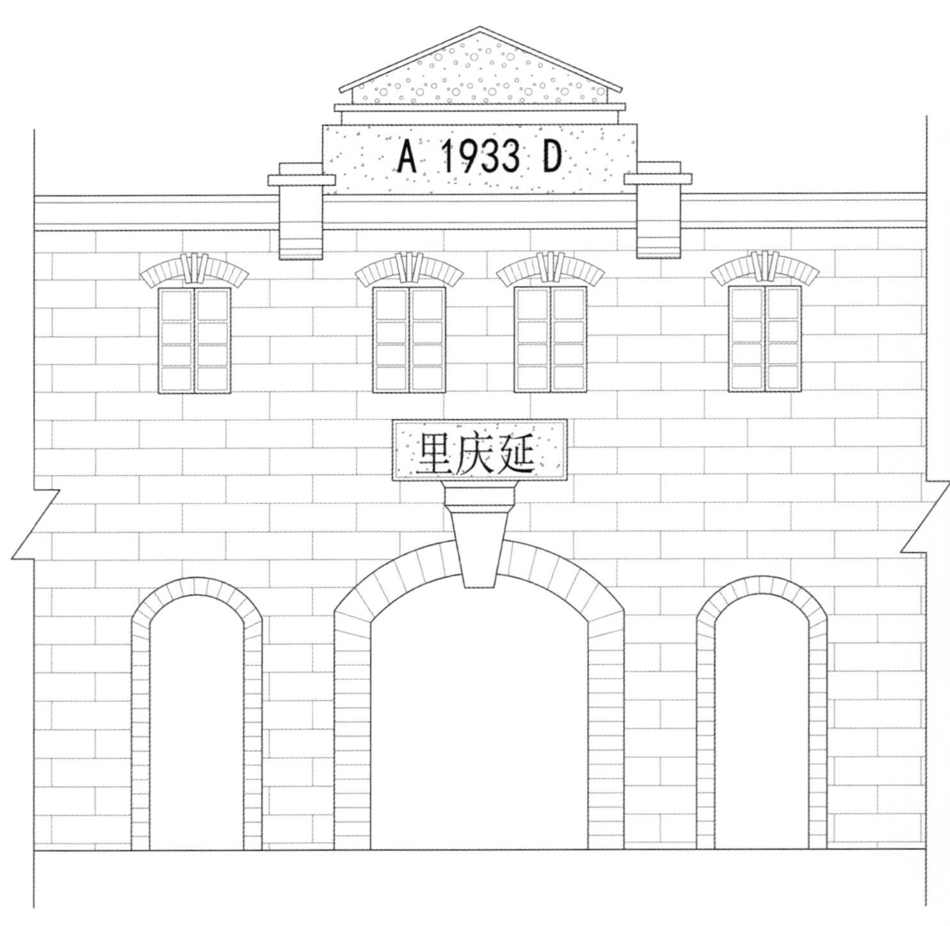

图6–28　延庆里入口大样

07
第七章

第七章 上海村

上海村位于汉口鄱阳街与江汉路的交汇处，遥对花楼街。1923年建成，由当时最有名的英国建筑师弗兰克·贝恩斯爵士设计，商人李鼎安改建。上海村是高等里分住宅建筑，属于市二级保护街区，武汉市人民政府1993年将其公布为“武汉市优秀历史建筑”。

第一节 历史沿革

上海村历史沿革

时　间	事　件
1923年	上海村的前身是唐义衢所置的致和里，后被李鼎安收购，改建成鼎安里
1938年	武汉沦陷后，伪汉口特别市政府在汉口鼎安里设汉口特别市立医院，并对原房屋进行了加固和修整
1945年	抗日战争胜利后，李鼎安将鼎安里抵押给上海商业储蓄银行，改名为上海村
1951年	王士桢调任武汉中国旅行社经理，曾住在上海村
1993年	被武汉市政府公布为“武汉市优秀历史建筑”

第二节 建筑概览

上海村属于高等里分住宅建筑，初建于1923年，由英国人弗兰克·贝恩斯设计，后被李鼎安收购，改建成一个里分式的建筑群。李鼎安颇具商业头脑，11栋建筑中，4栋为四家单位委托搭建，另7栋在房屋修建前即提前向将来的承租人收取租金。战争时期，有不少的知名人士在这里避难。抗日战争胜利后，李鼎安将这里抵押给上海商业储蓄银行，改名为上海村，作为上海商业储蓄银行的职工宿舍。其后，上海商业储蓄银行将上海村无偿交于武汉市房管所，现由武汉市直属房地产公司第四房管所代为管理。

上海村属于主次巷的里分布局，主巷窄，次巷宽；邻江汉路的9栋建筑是坡屋顶，其他均为平屋顶。上海村是传统石库门式住宅向新式里分住宅转型时期的过渡里分建筑，不是设计师弗兰克·贝恩斯爵士擅长的新古典主义建筑风格，也不是中国的传统建筑风格，

图7-1 上海村鸟瞰图

它是这个时期的新式住宅，它本身就是建筑业的一个“标本”。上海村有房屋27栋（其中街面9栋），街面底层为商店，上为住宅。上海村总体布局更讲究土地利用率，废除了传统的院落，将厢房与堂屋之间的院子压缩成天井，具有多天井、大进深、厚外墙、高空间等特征，使建筑内部冬暖夏凉，适合武汉的独特气候。

上海村照片详见图7-1~图7-10所示。

图7-2 上海村沿街透视

图7-3 上海村入口牌坊

图7-4　上海村局部透视

图7-5　上海村巷道透视

图7-6　立面细部

图7-7　建筑细部

图7-8　窗户细部

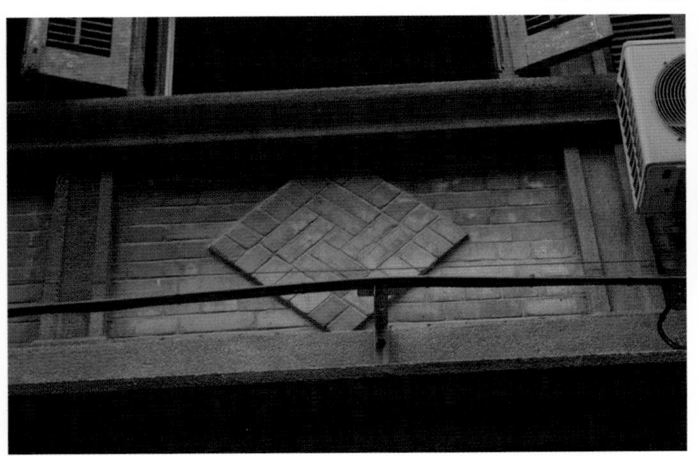
图7-10　雕饰细部

图7-9　门窗细部

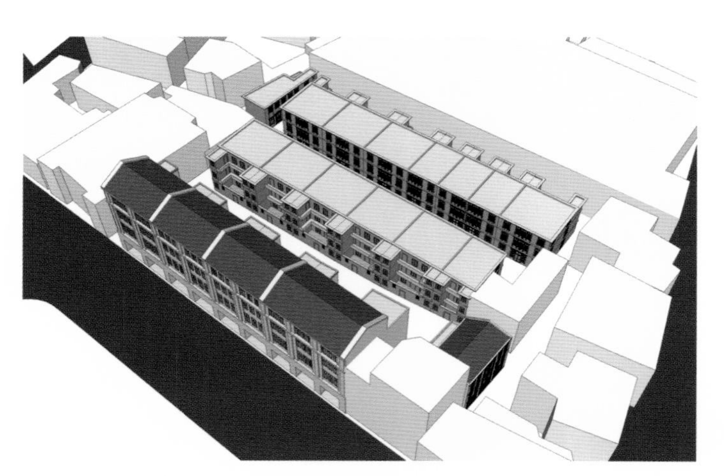

图7-11　上海村模型鸟瞰示意图

第三节　技术图则

依据建筑实测图纸，部分辅以三维建模，用技术图则方式解析上海村的环境布局、平面布置、功能流线、围护结构、采光及通风等规划建筑诸元素。

上海村技术图则详见图7-11~图7-34所示。

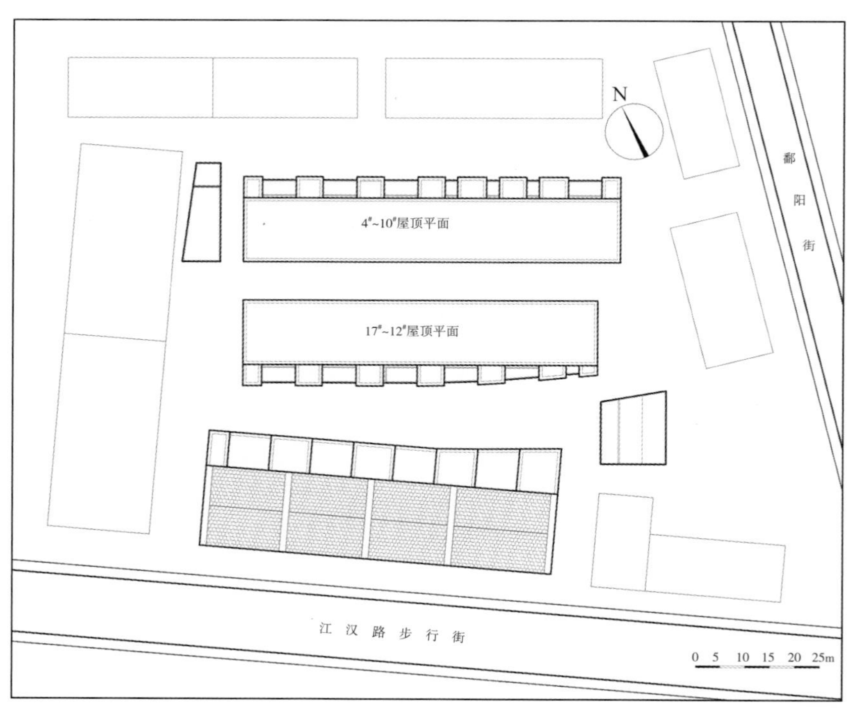

图7-12　街道关系

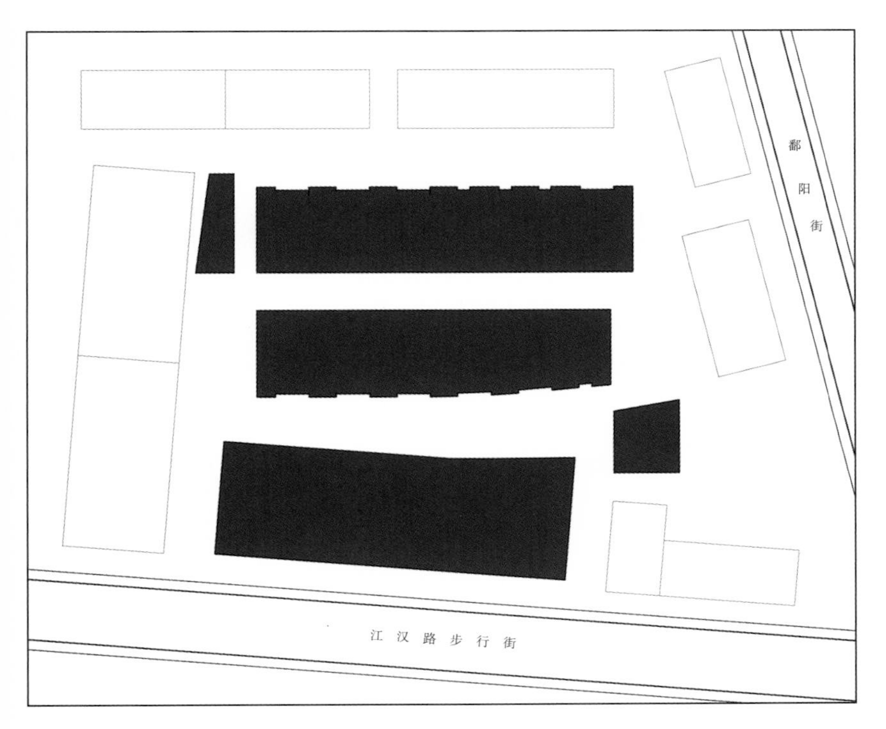

图7–13　主次巷布局

◆　上海村属于主次巷的里分布局，与城市道路相连的主巷较窄，供里分内居民相互交往、活动的次巷较宽。

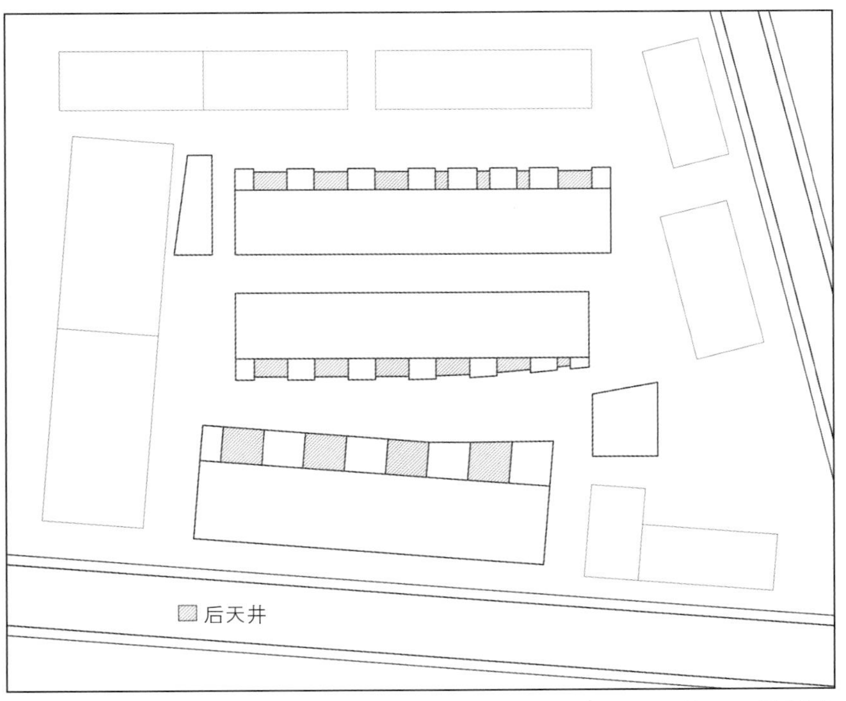

图7–14　天井分布

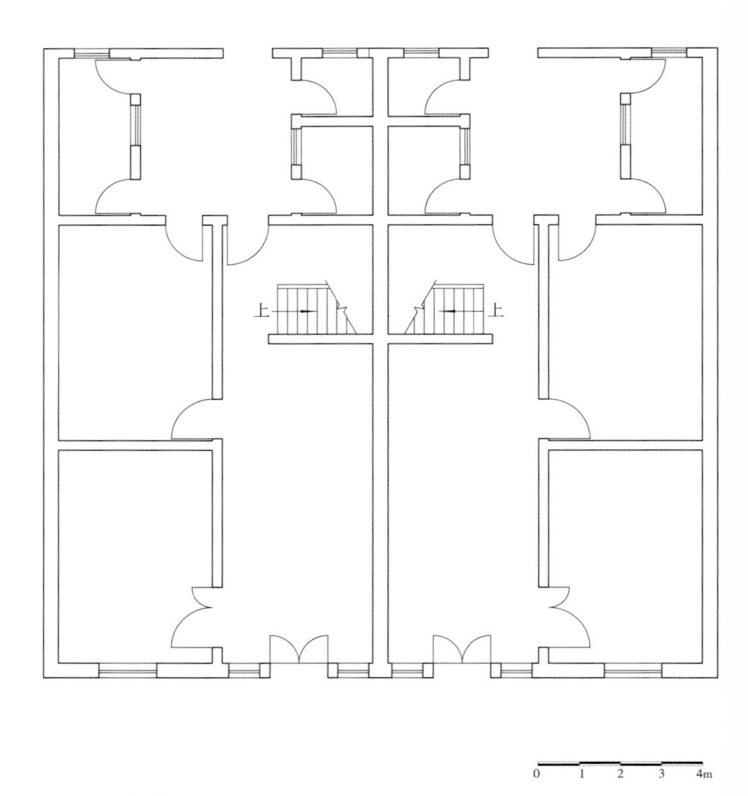

图7-15　7#、8#建筑一层平面图

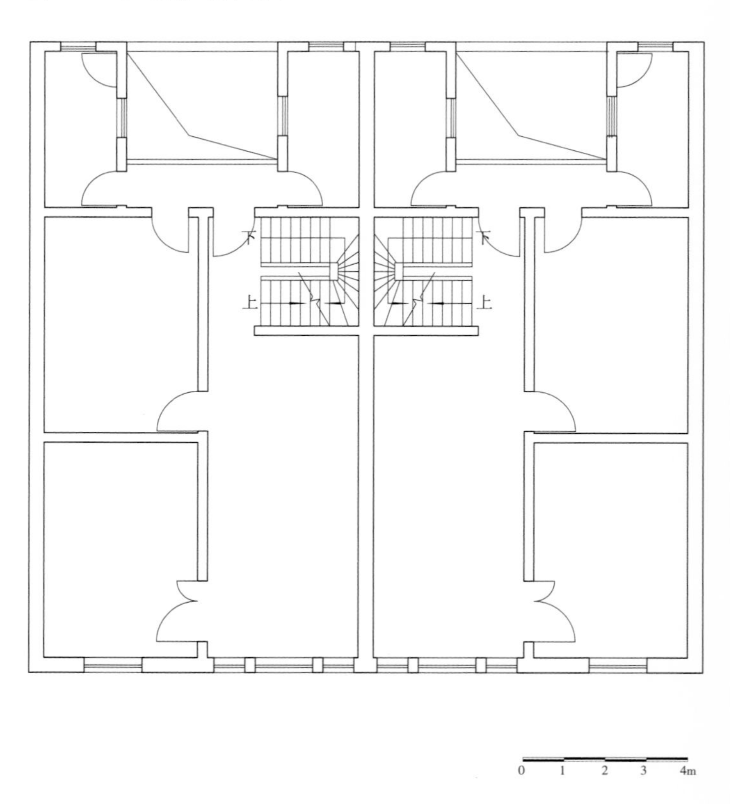

图7-16　7#、8#建筑二层平面图

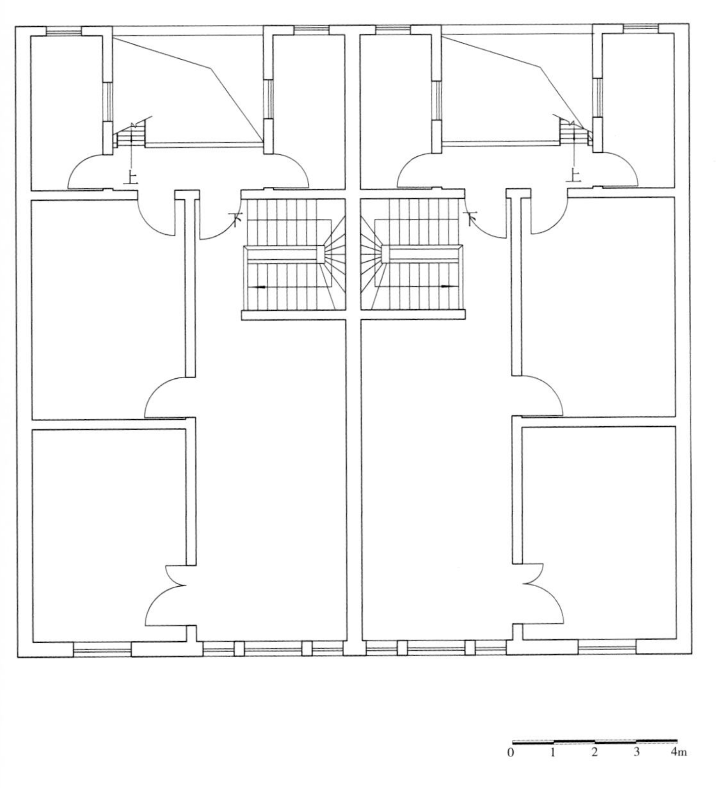

图7–17　7[#]、8[#]建筑三层平面图

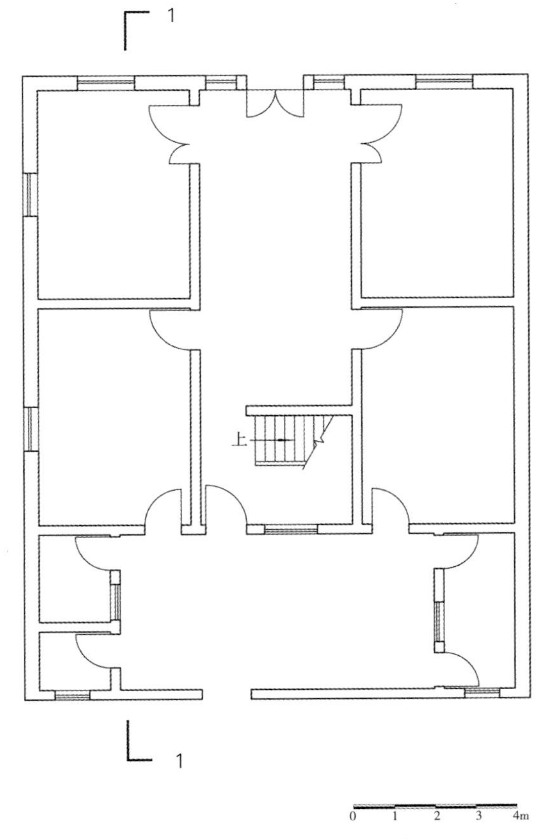

图7–18　17[#]建筑一层平面图

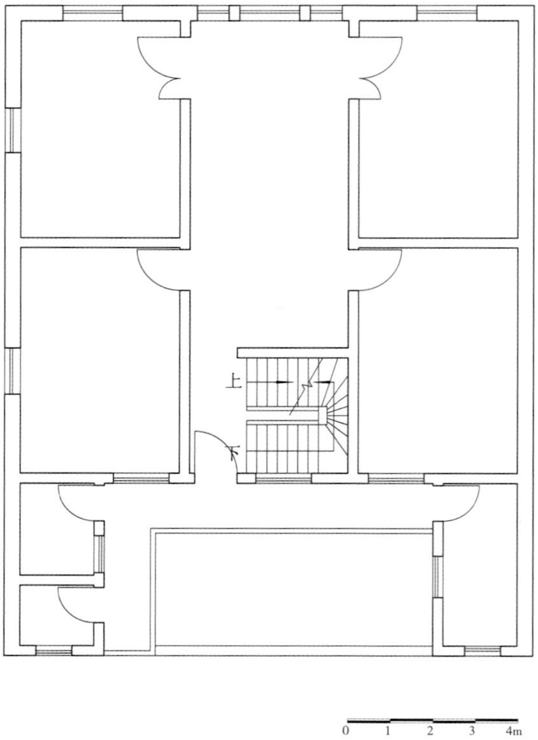

0 1 2 3 4m

图7-19　17#建筑二层平面图

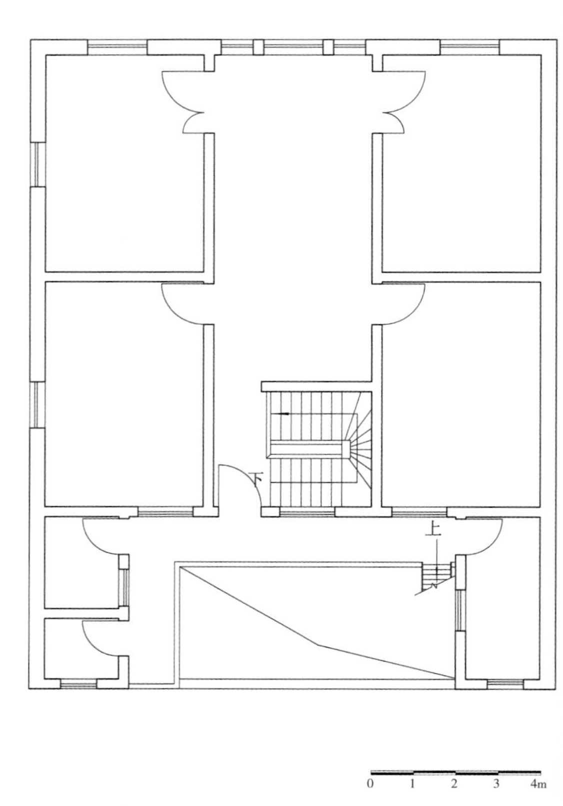

图7-20　17#建筑三层平面图

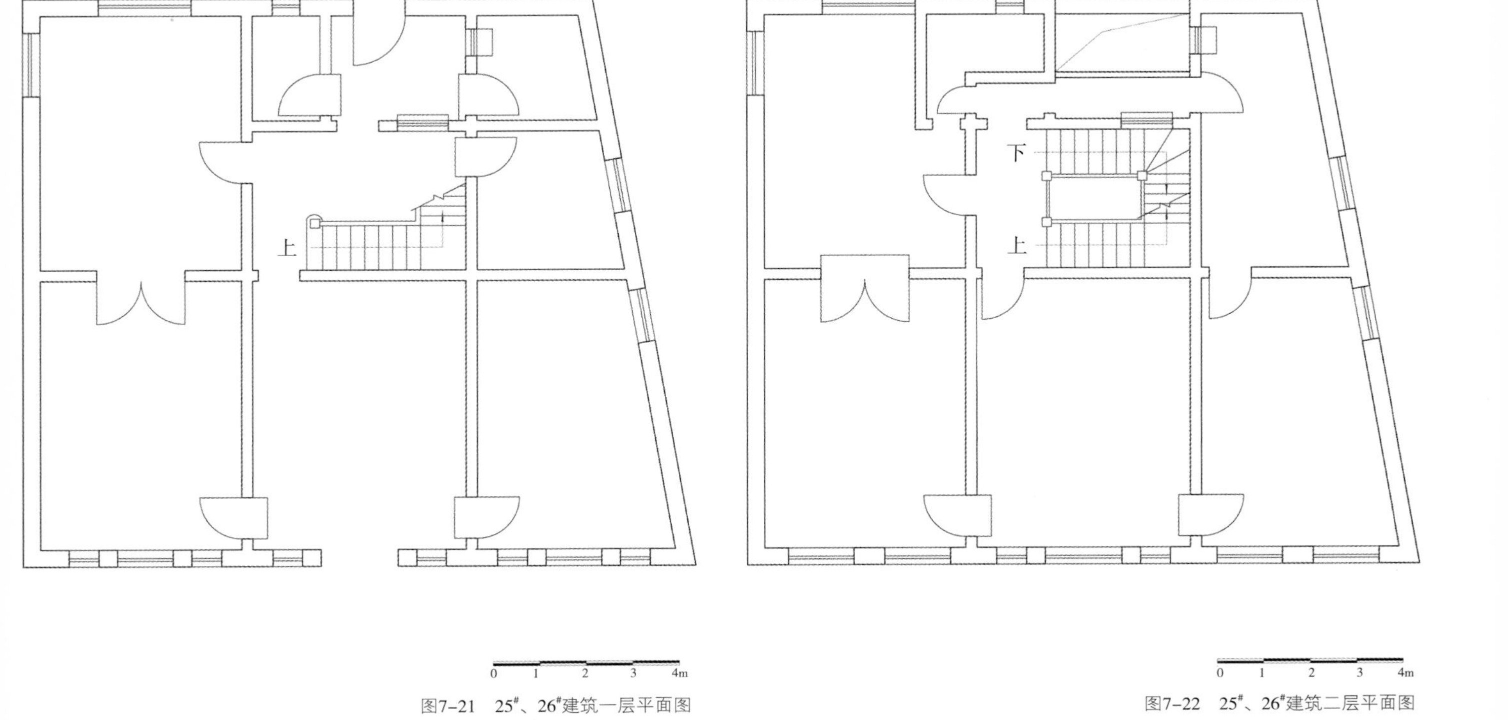

图7-21　25#、26#建筑一层平面图

图7-22　25#、26#建筑二层平面图

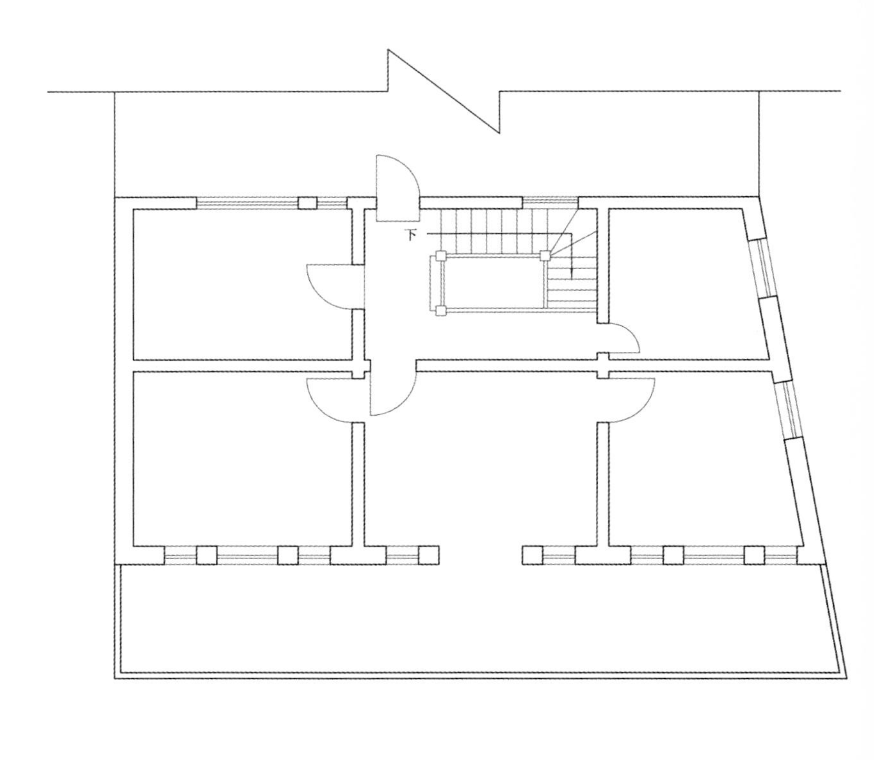

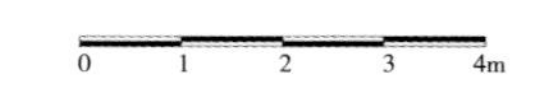

图7-23　25#、26#建筑三层平面图

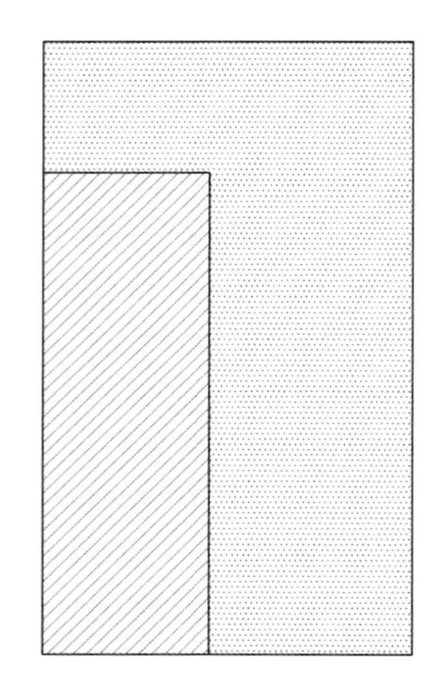

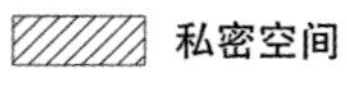

图7-24　公共空间与私密空间

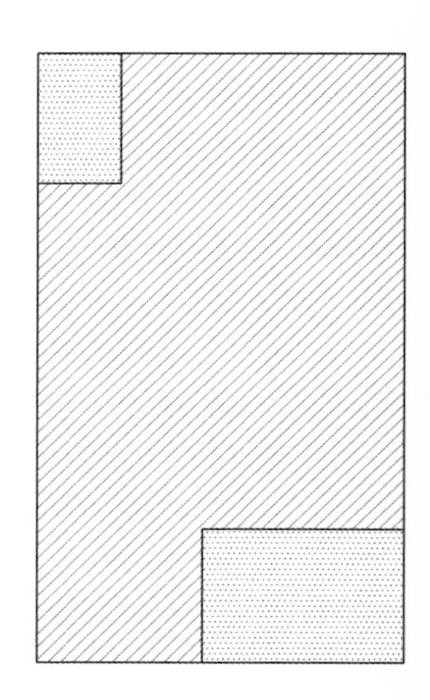

图7-25　灰空间

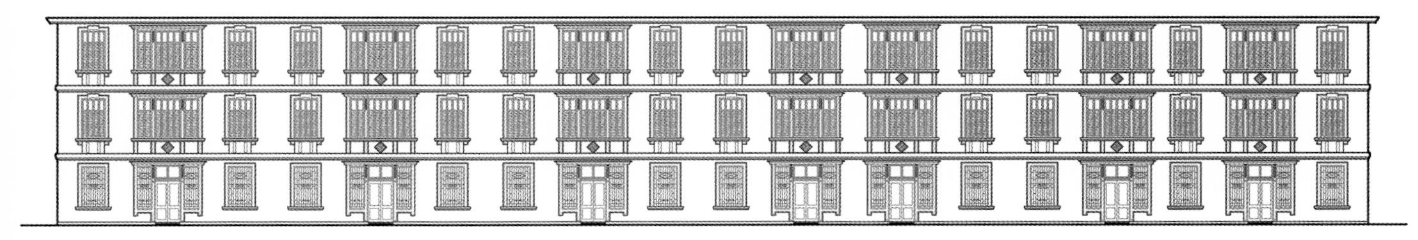

图7-26　4#~10#建筑正立面图

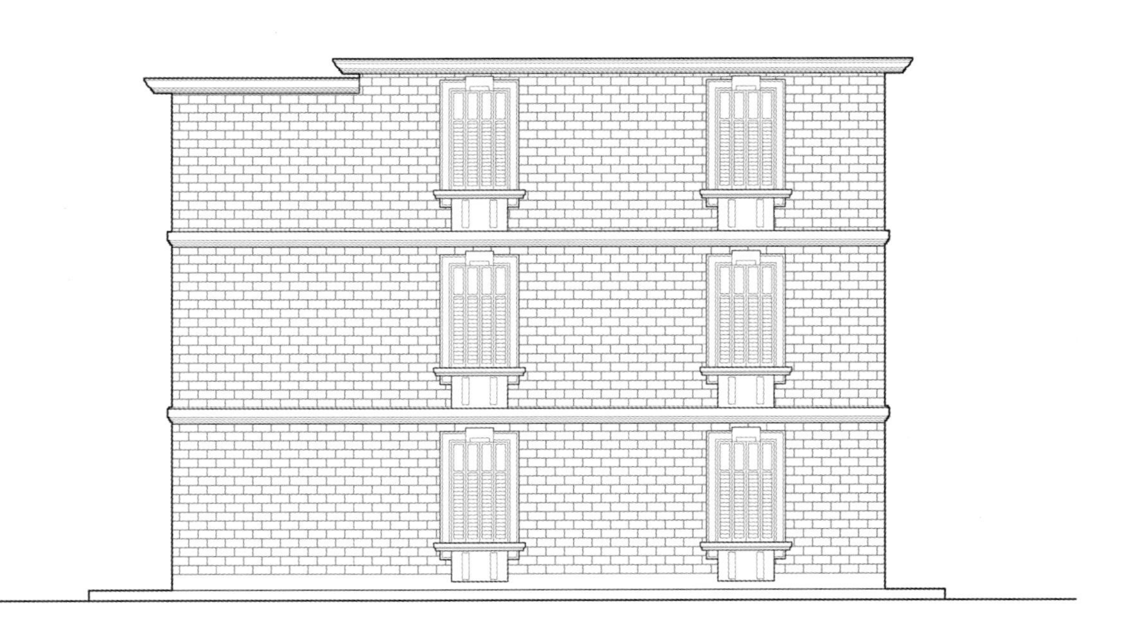

图7-27　4#~10#建筑侧立面图

◆ 装饰方面渗入了许多外来的观念和手法，但不作过度的雕琢和修饰，以节省投资。

图7-28 25#、26#建筑正立面图

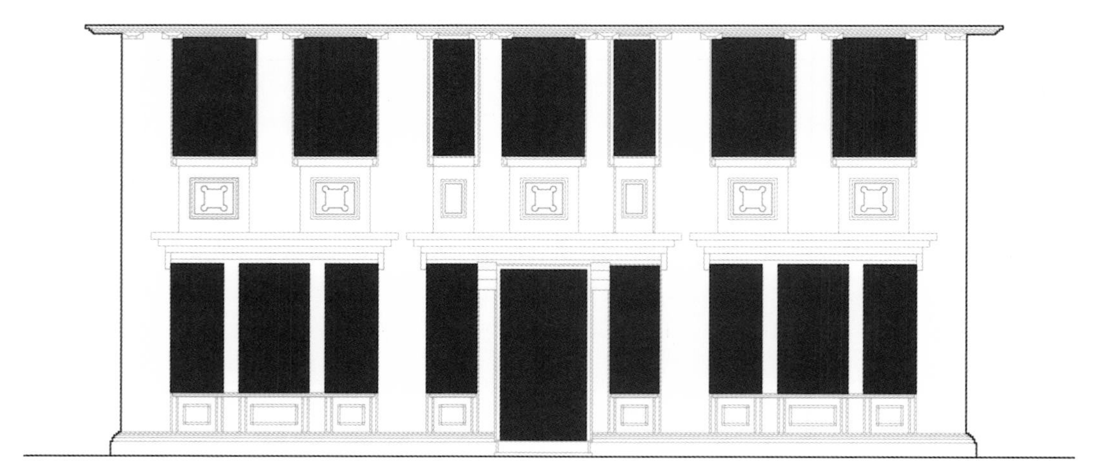

图7-29 立面凹凸

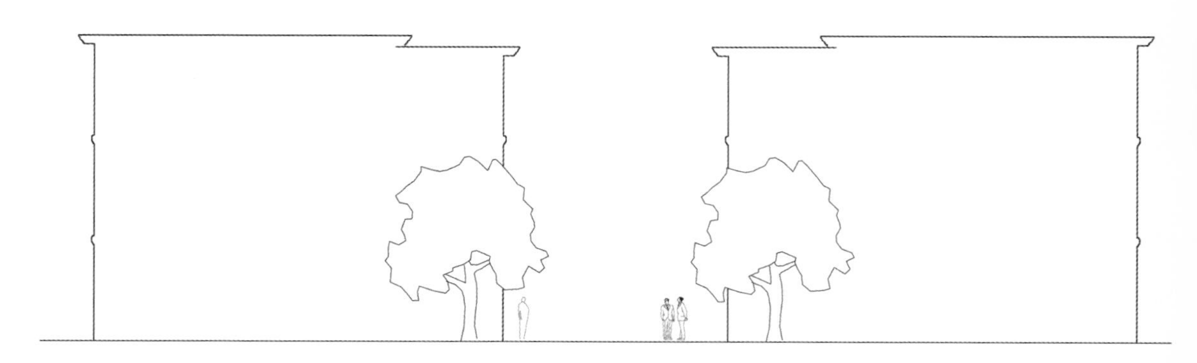

图7-30 建筑体量

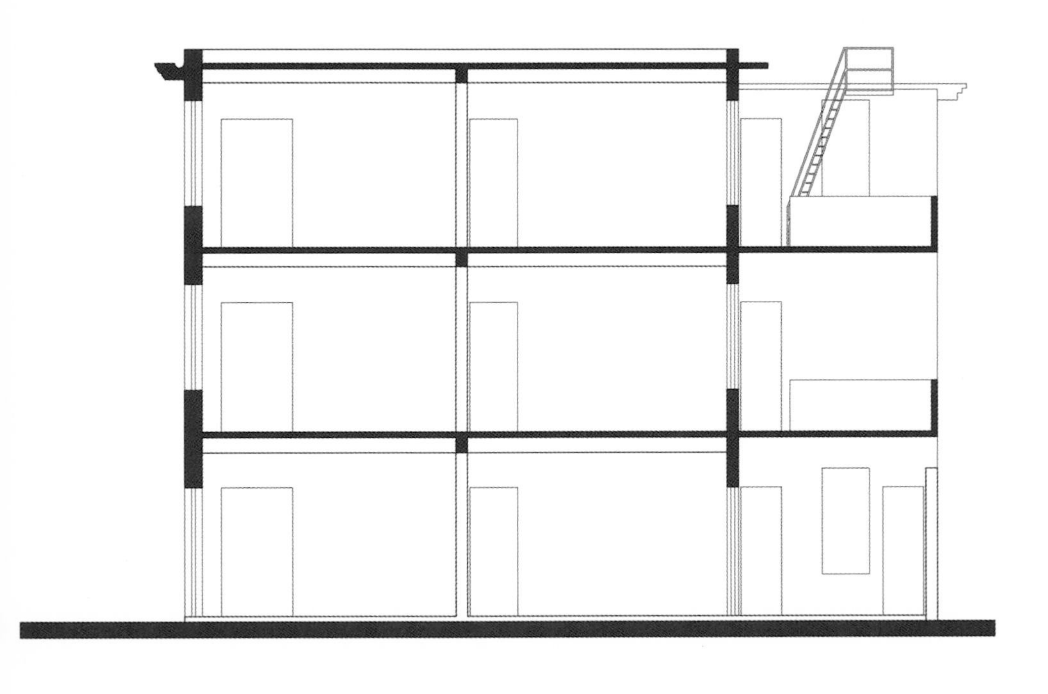

图7-31　17#建筑1—1剖面图

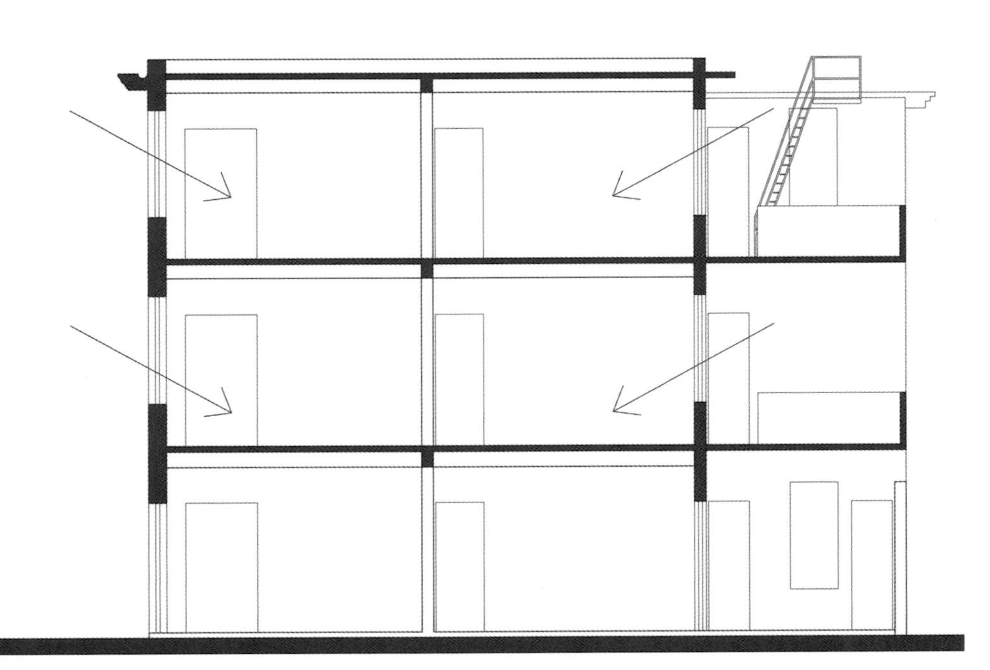

图7-32　采光分析

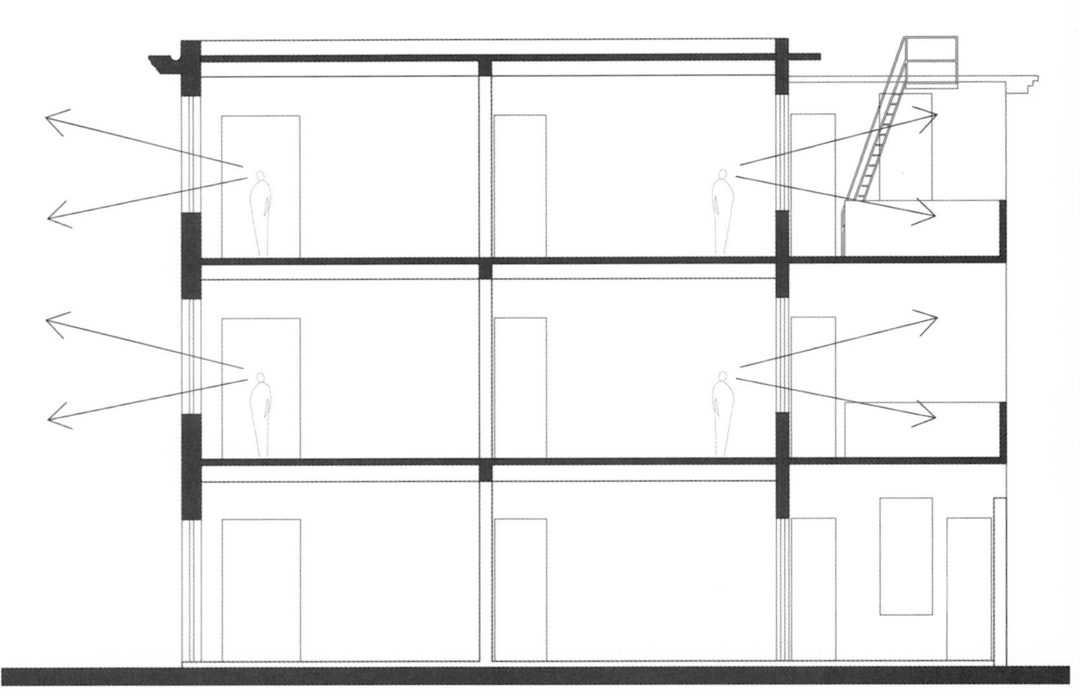

图7-33　视线分析

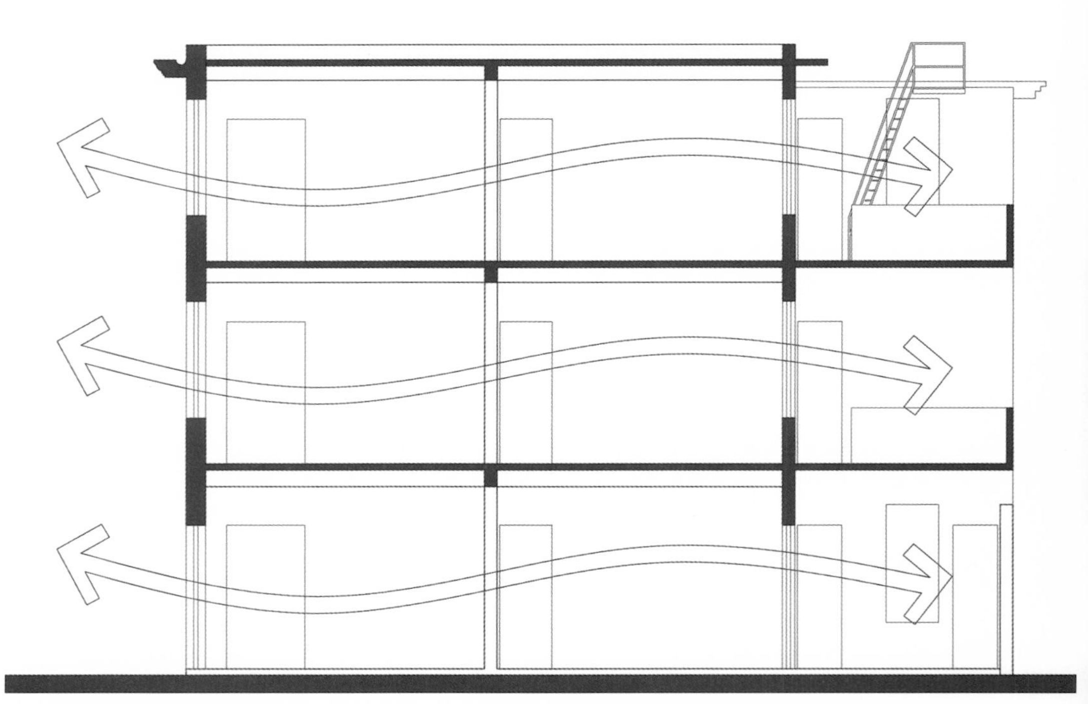

图7-34　通风分析

08
第八章

第八章 同兴里

同兴里位于汉口江岸区洞庭街83号，是昔日法租界的所在地，是八七会址历史保护重点地段，总用地3.58公顷。同兴里里分内有四条巷道，主巷道为东西走向，东通洞庭街，西通胜利街，全长230m，宽4m。同兴里共有两层砖木结构建筑25栋，门牌号为1~13号，多数建筑为石拱门形制，排列整齐有序；外墙均为粉麻石，红瓦屋顶；第一层木地板下有架空层，且住宅内部具有卫生设备。

第一节 历史沿革

同兴里历史沿革

时 间	事 件
1928年	由义品洋行设计，武昌协成土木建筑厂、永茂隆营造厂承建
1928年后	生意大户徐、胡、刘等十六家在此建楼
1967年	改名为烽火一里
1972年	恢复原名同兴里
1993年	被公布为武汉市第一批优秀历史建筑
1995年	被公布为武汉市二级文物保护建筑

第二节 建筑概览

同兴里总平面布局属于主巷型，分门为过街楼式，栋门为石库门式。同兴里只有一条主巷道，主巷道两侧各有两条很窄的通道将同兴里25栋房屋分成四组；住宅大门均面向主巷道，住宅后门通向后巷。因为业主需求的多元化，以及业主“联建”和“自建”等房屋的建造区别，同兴里在建筑形式上属于多栋联排或“一底一栋”的形式；由于开发商在设计、建造房屋之前对基地进行了整体布局与规划，因此同兴里的建筑平面灵活且立面形态各异。从建筑形态来看，同兴里的住宅单体为西方的集中式布局；入口、起居室、厨房等均围绕着入口及交通空间集中布置。但是，同兴里不可避免地受到了中国传统民居的影响，其建筑平面布局呈现出多元化的折中形式；在细部的处理手法上也表现为以西式为主，结合中国传统和

手法进行表达。

图8-1　同兴里鸟瞰图（上半部分为同兴里）

同兴里住宅门头装饰的形状有三角形、圆形、半圆形、弧形、长方形、组合形等，其上的浮雕更是形态各异，有地道的欧式山花风格，有巴洛克式的涡卷，也有中国传统形式的雕花。同兴里使用统一的文字书法对界限进行划分、标注，这样不仅使建筑更有识别性，还能体现出建筑的人文内涵，表现出中国居住文化的特征。在同兴里8号的墙角处，至今还保留着一块界碑，上面刻着“朱慎德堂地界”，表明了不同业主的分界。

图8-2　同兴里沿街透视图

同兴里门栋相对、联排布置，属于西式石库门构造。门两旁对称柱式的上部结构连接着中间的门楣，是巴洛克造型的两级柱头，底部是方形柱基础。屋檐为平直式出挑结构。进入门栋时，要步经两级台阶，再过天井，之后再步经两级台阶。其内部没有开敞的空间，均以走道相连。

同兴里照片详见图8-1~图8-10所示。

图8-3　入口大门

图8-4　巷道透视图

图8-5　建筑局部透视图

图8-6　门细部（1）

图8-7　门细部（2）

图8-8　窗户细部（1）

图8-9　窗户细部（2）

图8-10　雕饰细部

第三节　技术图则

依据建筑实测图纸，部分辅以三维建模，用技术图则方式解析同兴里的环境布局、平面布置、功能流线、围护结构、采光及通风等规划建筑诸元素。

同兴里技术图则详见图8-11~图8-38所示。

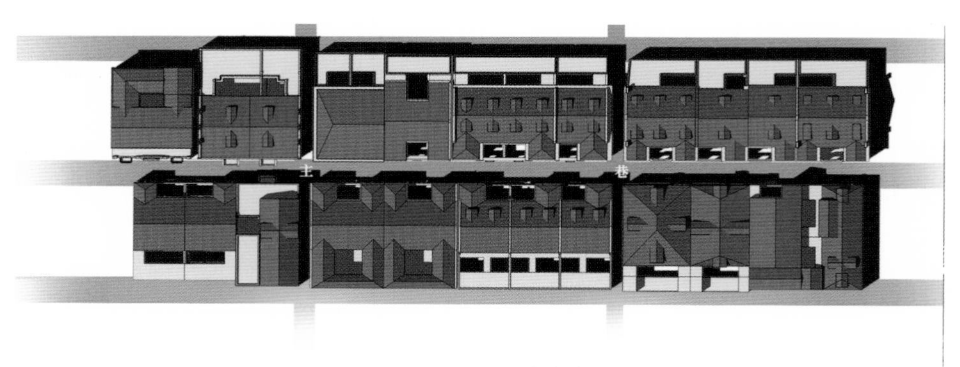

图8-11　同兴里模型鸟瞰图

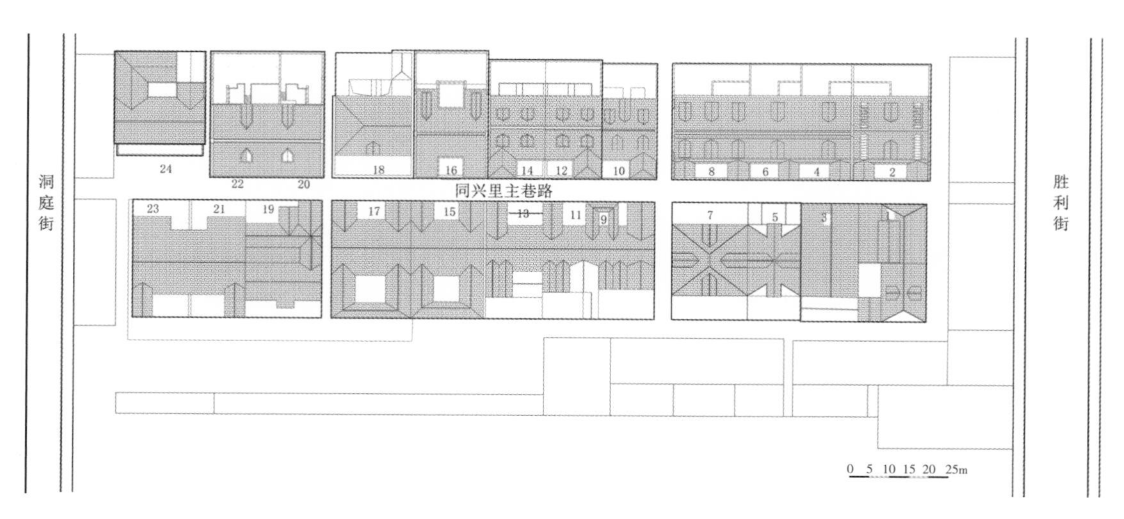

图8-12　总平面图

◆　总平面布局属于主巷型，开发商在设计、建造房屋之前对基地进行了整体布局与规划，因此同兴里住宅单体平面形式多样。

图8-13　主巷式布局

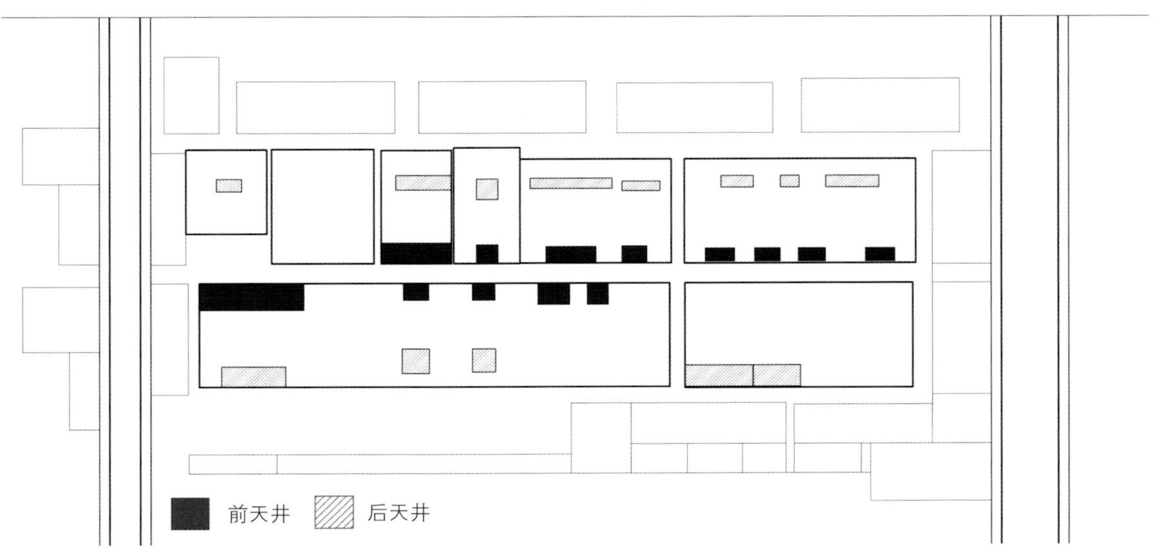

图8-14　天井分布

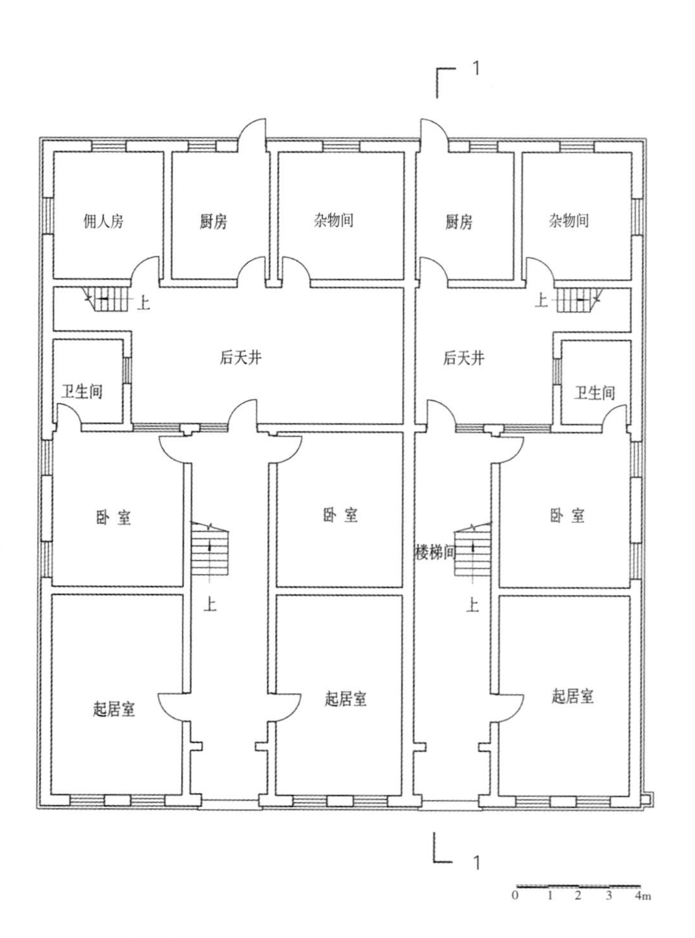

图8-15　20#~22#楼一层平面图

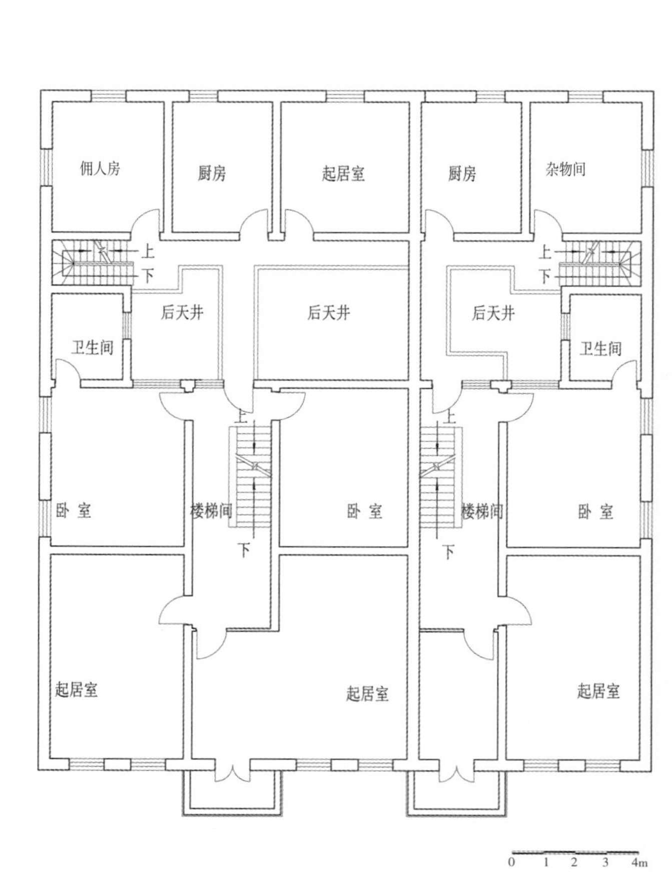

图8-16　20#~22#楼二层平面图

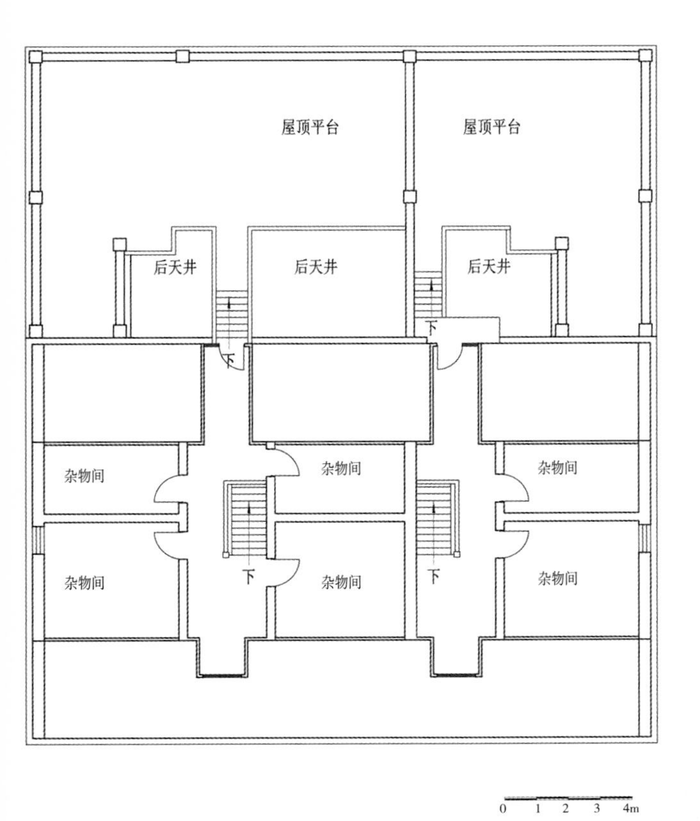

图8-17　20#~22#楼三层平面图

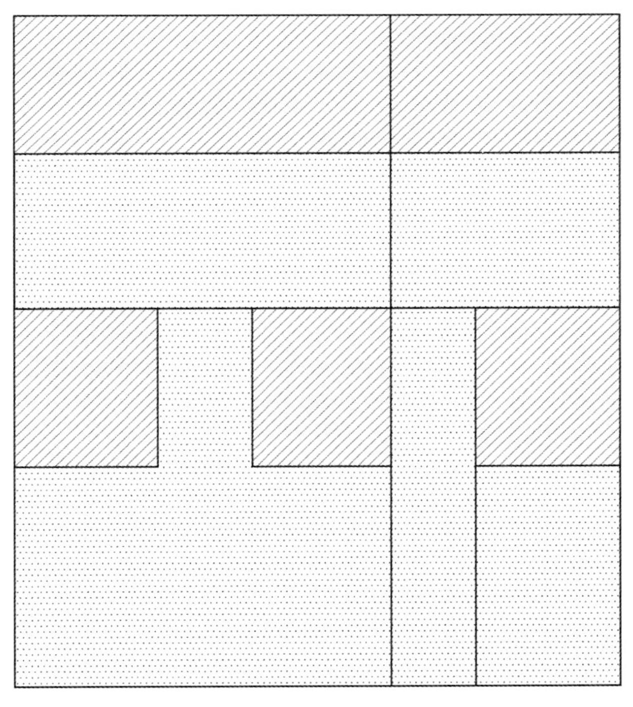

图8-18　公共空间与私密空间

灰空间

室内

图8-19　灰空间

0　1　2　3　4m

图8-20　20#~22#楼立面图

◆　里分内建筑入口多采用西方古典柱式作为入口两侧的装饰。

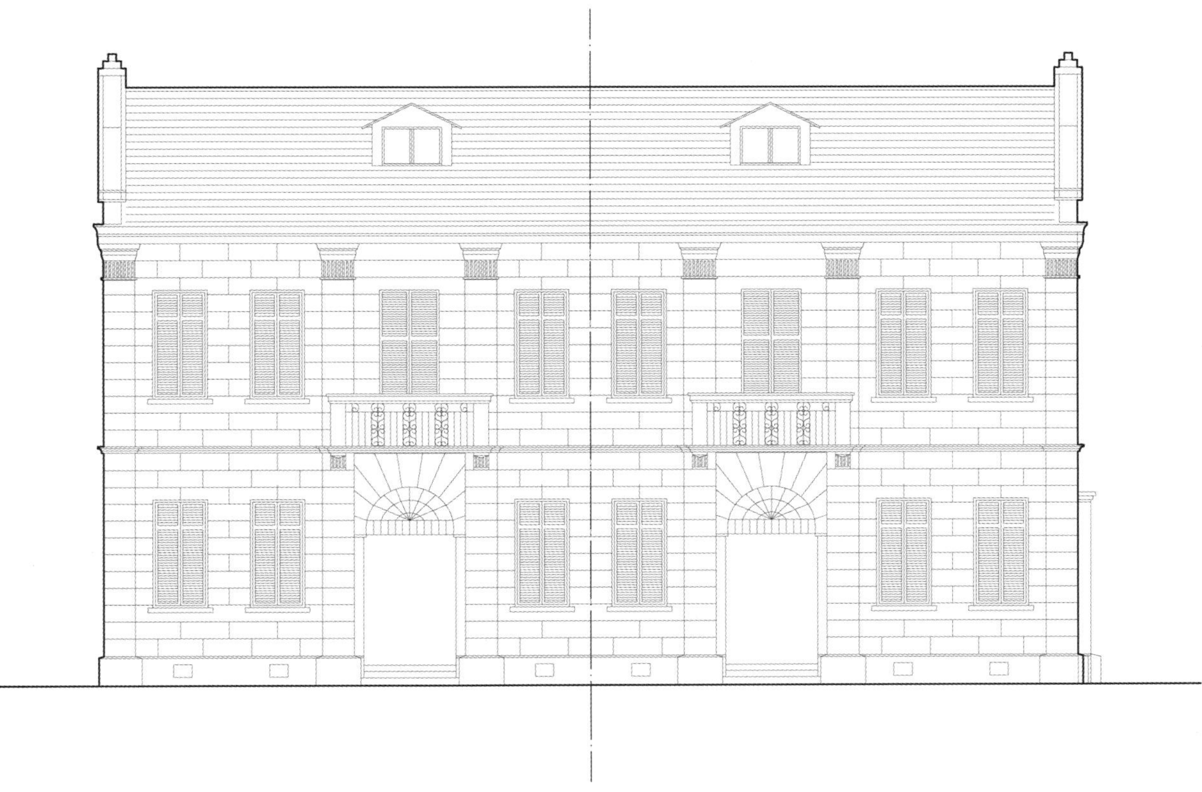

图8–21　对称与均衡

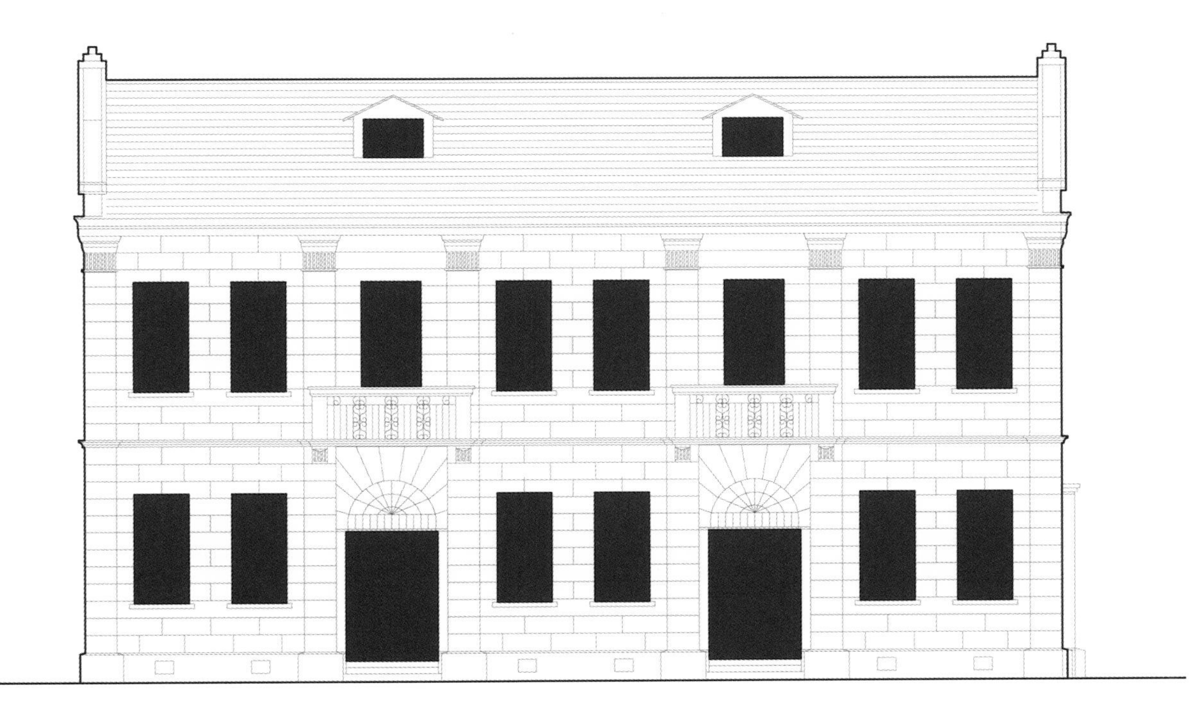

图8–22　立面凹凸

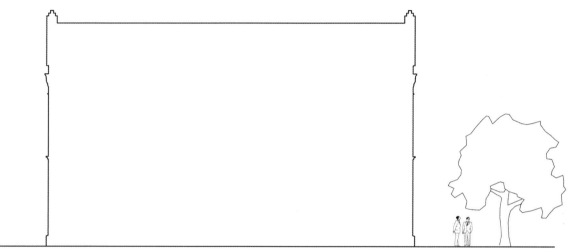

图8-23　建筑体量

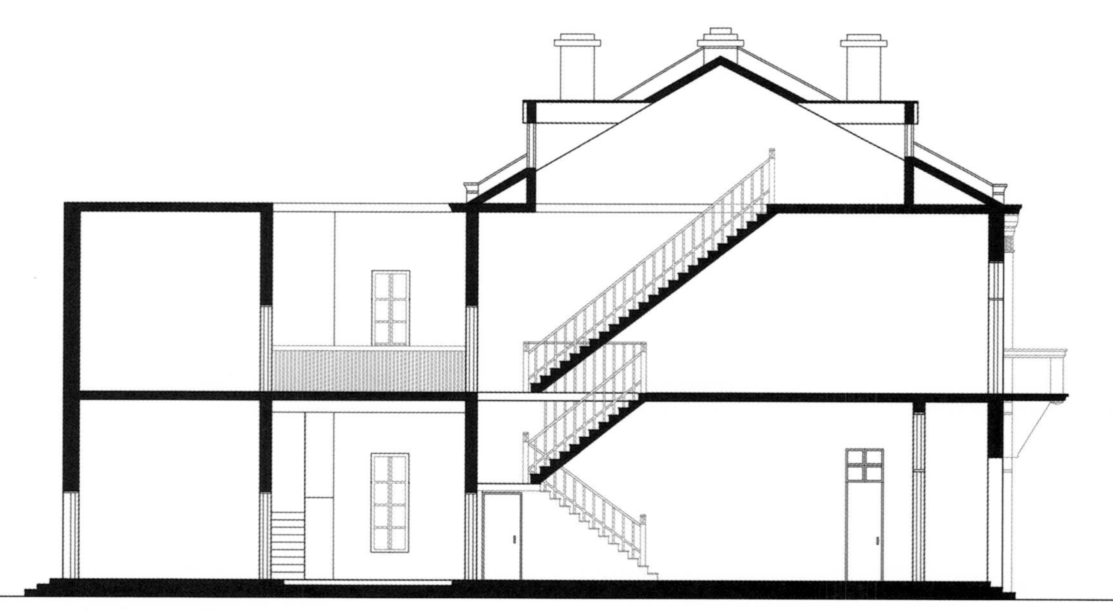

图8-24　20#~22#楼1—1剖面图

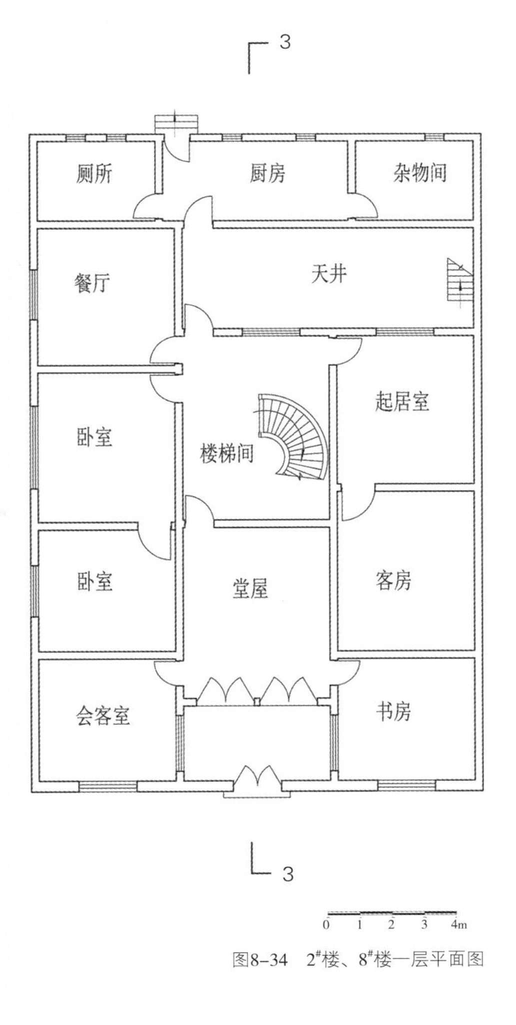

图8-34　2#楼、8#楼一层平面图

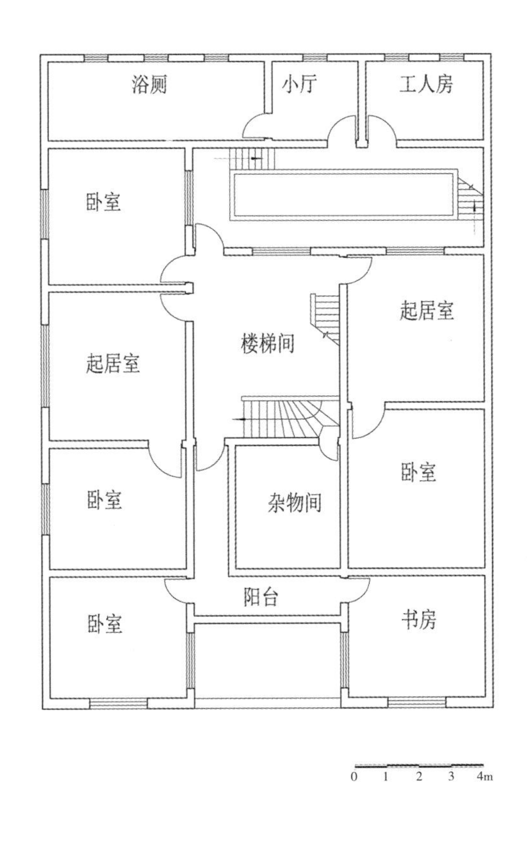

图8-35　2#楼、8#楼二层平面图

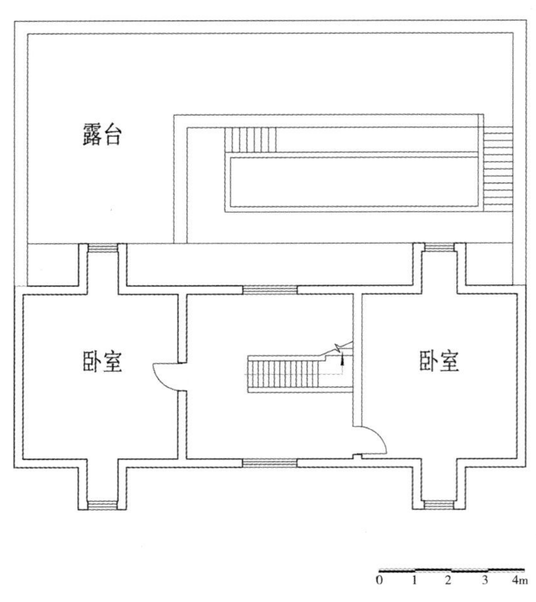

图8-36　2#楼、8#楼三层平面图

图8-37　2#楼、4#楼、6#楼、8#楼立面图

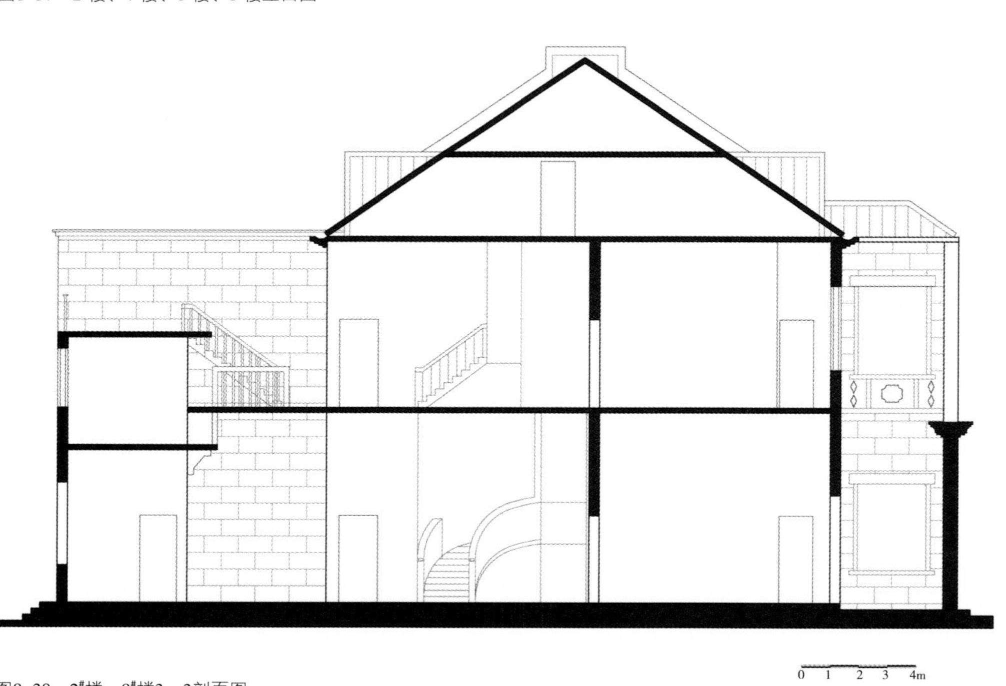

图8-38　2#楼、8#楼3—3剖面图

09
第九章

第九章 江汉村

江汉村位于汉口江岸区最早形成的英租界范围内，西临上海村，由江汉路、上海路、洞庭街、鄱阳街围合而成，于1937年建成，由卢镛标建筑事务所樊文玉工程师设计，明昌裕建筑公司，李丽记、康生记营造厂施工。江汉村整体布局简洁明快，由26栋两层和三层住宅组成，住宅分布于长170m的主巷道两侧，是近代汉口老里分中设计最新颖、设备最完备的一个里分，现为武汉市一级保护街区。

第一节 历史沿革

江汉村历史沿革

时 间	事 件
1934年	六也村新建三层砖木住宅7栋
1936年	王必双、郑硕夫、胡芹生等9位业主投资兴建9栋住宅为原江汉村
1937年	六也村和原江汉村合并，统称为江汉村
1946年	福源长钱庄、衍源钱庄在江汉村相继开业
1949年	武汉解放，江汉村居民成分逐渐变化，中南局部分干部搬入
1954年	中南局撤销，武汉市委部分搬入江汉村
1976年	“文革”后，9栋建筑被收归国有，分配给国有单位作宿舍用
1993年	被公布为“武汉市优秀历史建筑”

第二节 建筑概览

江汉村于1936年由王必双、郑硕夫、胡芹生等9位业主投资兴建，卢镛标建筑事务所设计，明昌裕建筑公司承建7栋，李丽记、康生记营造厂各建一栋，装修高雅、设施完善，是当时武汉最新型的里弄住宅。同时，1934年在特三区洞庭街修建的六也村的道路与江汉村的相连，1937年六也村与原江汉村合并，统称为江汉村。由于建造时间较晚，又紧邻汉口最繁华的商业街——江汉路，江汉村吸收各家之长，成为住宅形式各异却又完美融合的里分。

江汉村的空间序列较为简单，总体布局和道路网为一条主巷与城市街道相连接，主巷两侧均为里分住宅，相向布置，巷口采用牌坊式。江汉村整体布局简单，但是房屋的平面形式却多种多样，有三间式、两间半式、两间式、一间半式；按入口平面形式分类有门斗式、天井式、院落式及各种变体等形式。原江汉村共有9栋房屋，红砖清水墙，中式的石库门、西式的庭院式入口相间排列，形式各异却又统一协调，整体建筑属于现代风格，现保存完好。1993年江汉村被列入第一批武汉市优秀历史建筑名单，现被公布为武汉市一级保护街区。

江汉村照片详见图9–1~图9–11所示。

图9–1　江汉村鸟瞰图

图9–2　江汉村沿街透视图

图9–3　江汉村入口牌坊

图9-4　建筑局部透视图（1）

图9-5　建筑局部透视图（2）

图9-6　巷道透视图

图9-7　院门透视图

图9-8　门细部（1）

图9-9　门细部（2）

图9-10　窗户细部（1）

图9-11　窗户细部（2）

第三节　技术图则

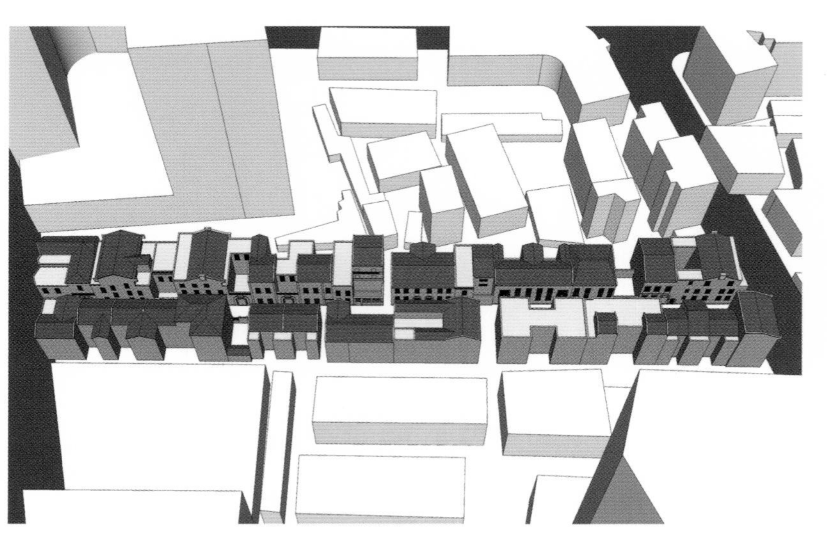

图9-12　江汉村模型鸟瞰示意图

依据建筑实测图纸，部分辅以三维建模，用技术图则方式解析江汉村的环境布局、平面布置、功能流线、围护结构、采光及通风等规划建筑诸元素。

江汉村技术图则详见图9-12~图9-36所示。

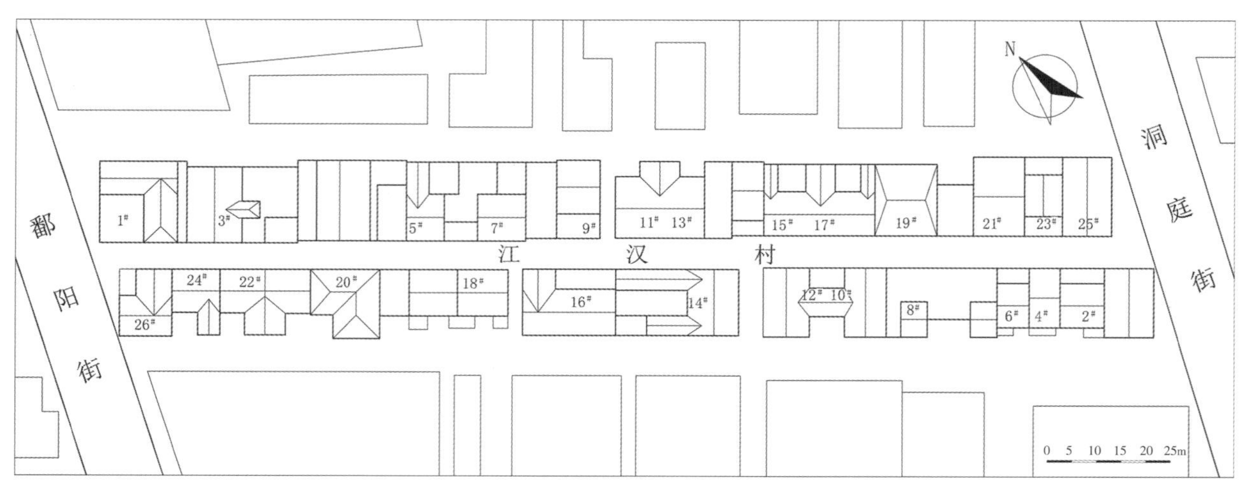

图9-13　街道关系

◆　江汉村总体布置属主巷型，“一巷两口”与城市街道相接，规模较小，主巷两侧均为住宅。

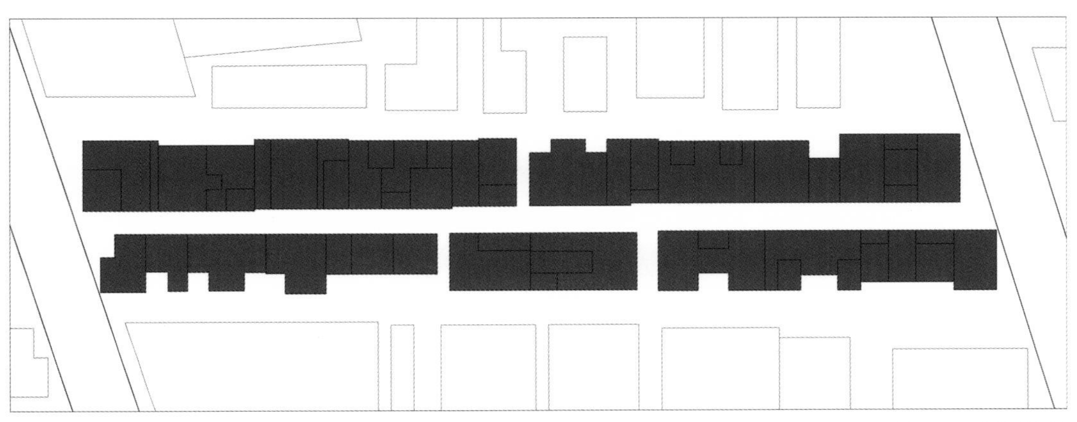

图9-14　主巷式布局

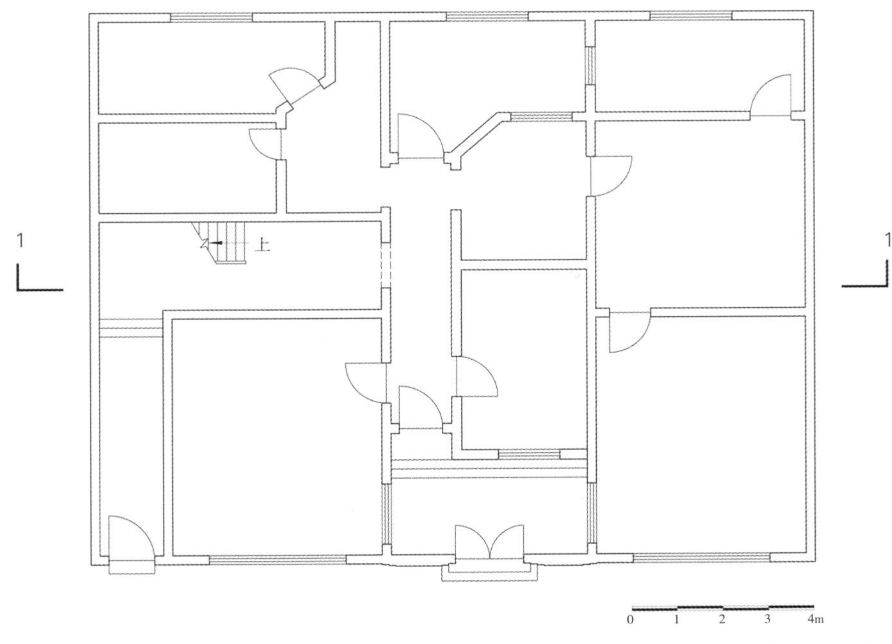

图9-15　18#楼一层平面图

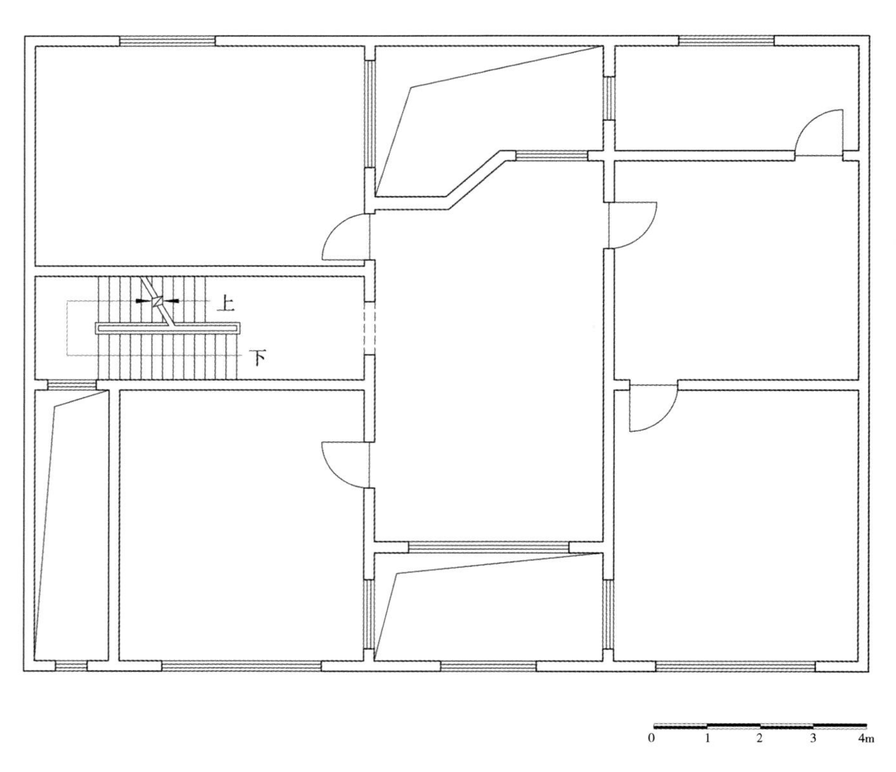

图9-16　18#楼二层平面图

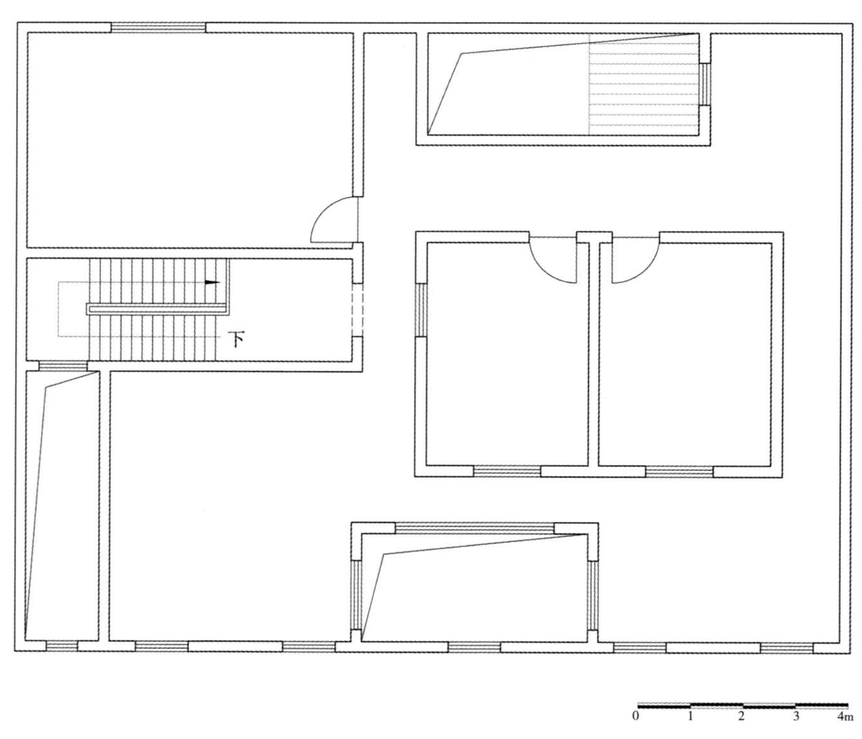

图9-17　18#楼三层平面图

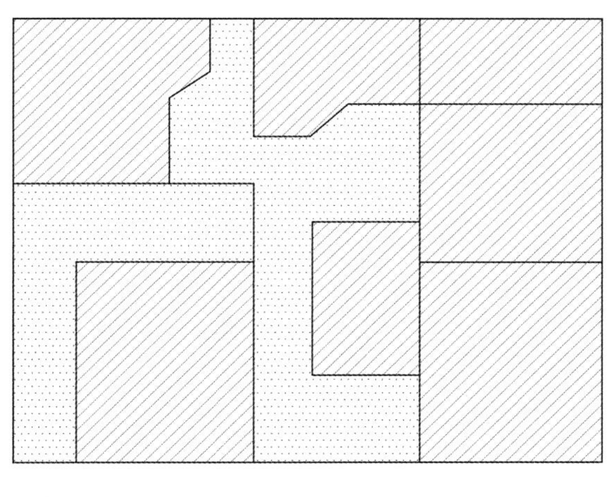

图9-18　公共空间与私密空间

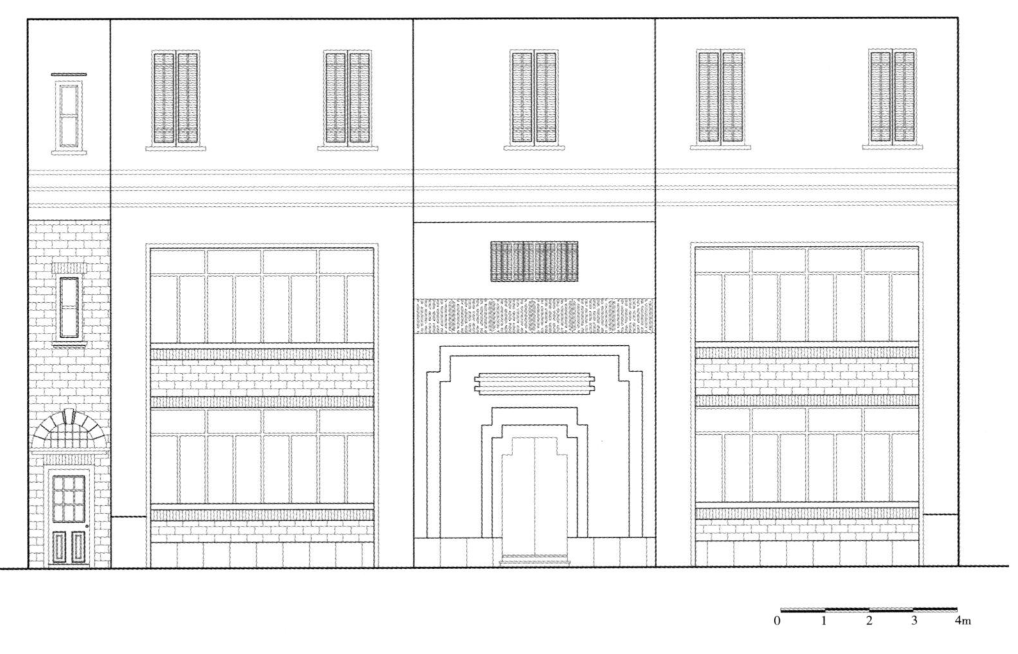

图9-19　18#楼正立面图

◆　里分住宅的入口千姿百态、风格各异。

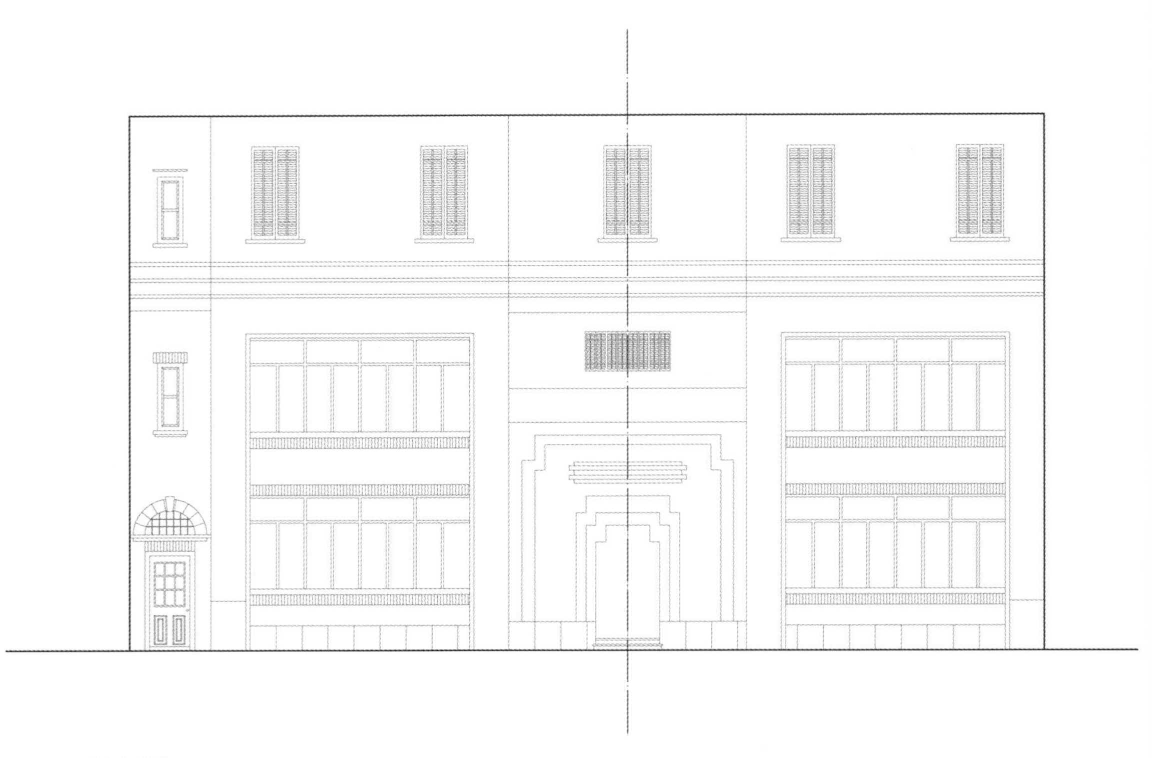

图9-20　对称与均衡

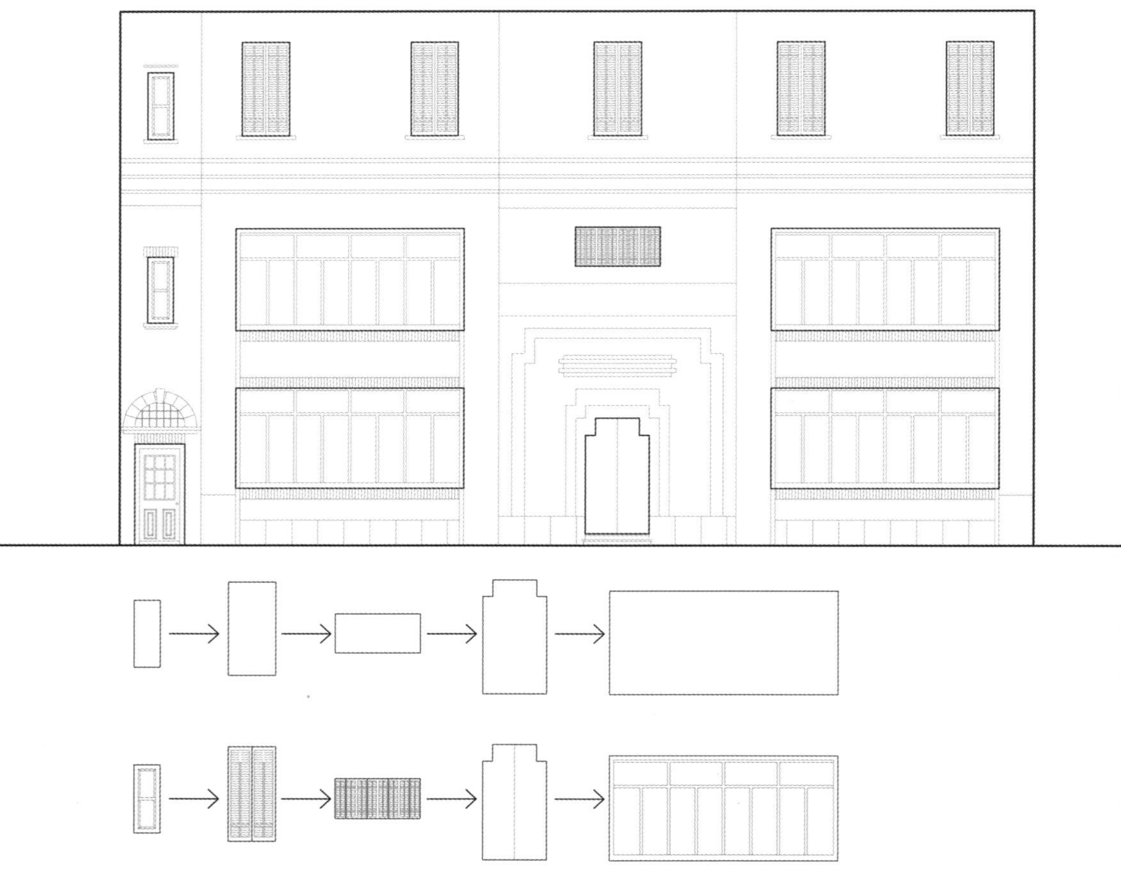

图9-21　重复与变化

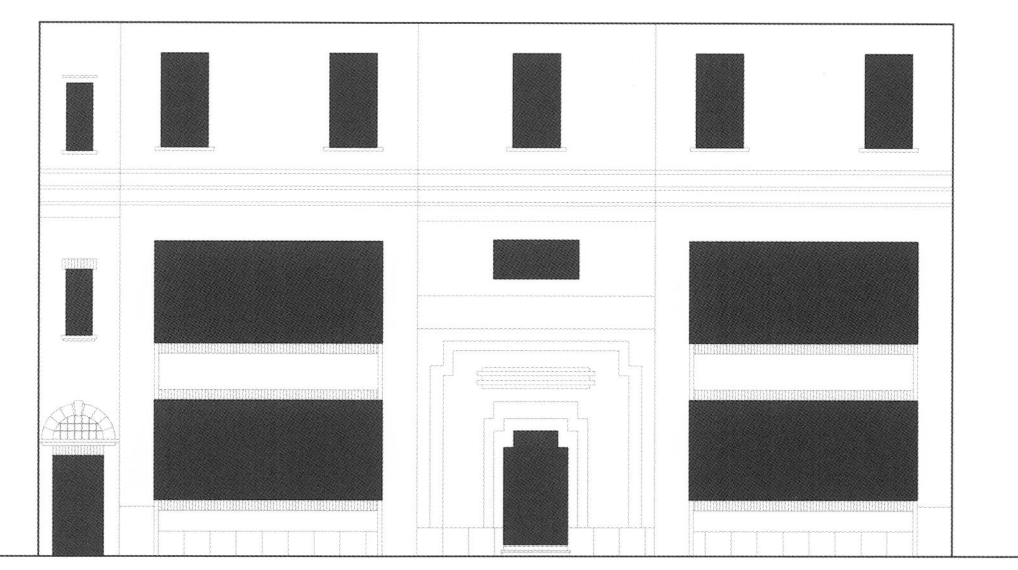

图9–22　立面凹凸

图9–23　建筑体量

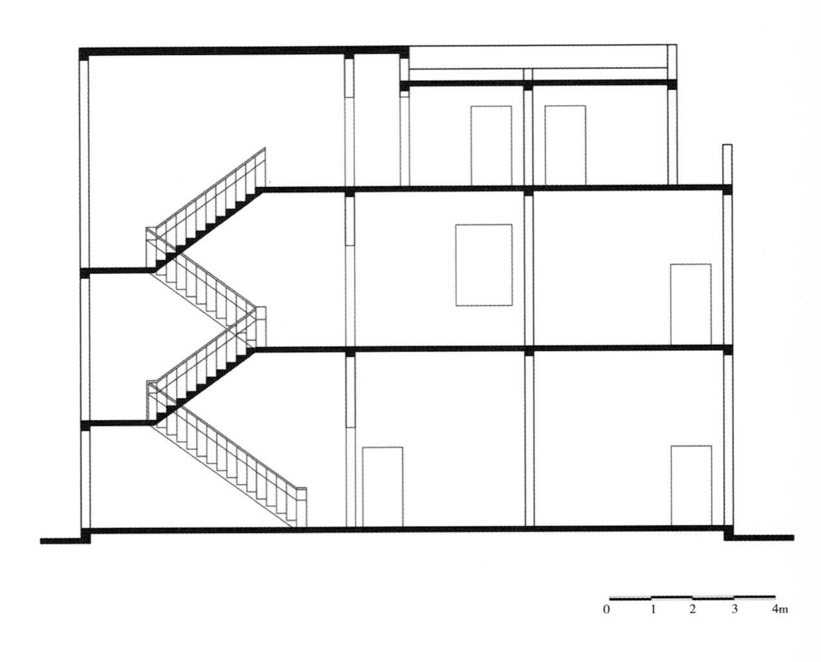

图9-24　18#楼1—1剖面图

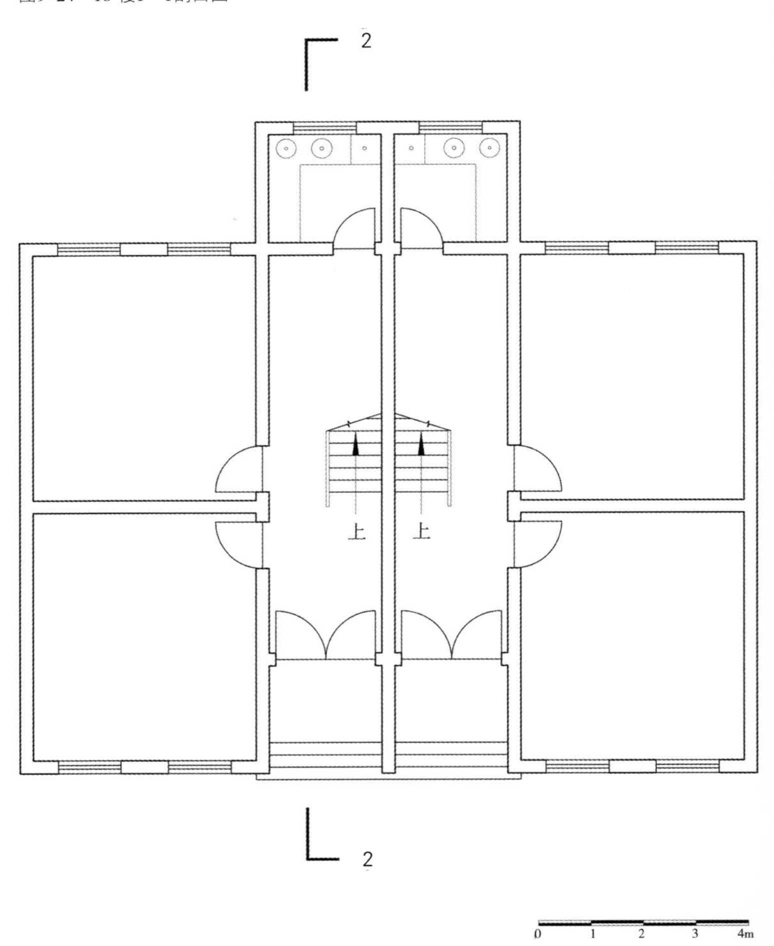

图9-25　11#楼、13#楼一层平面图

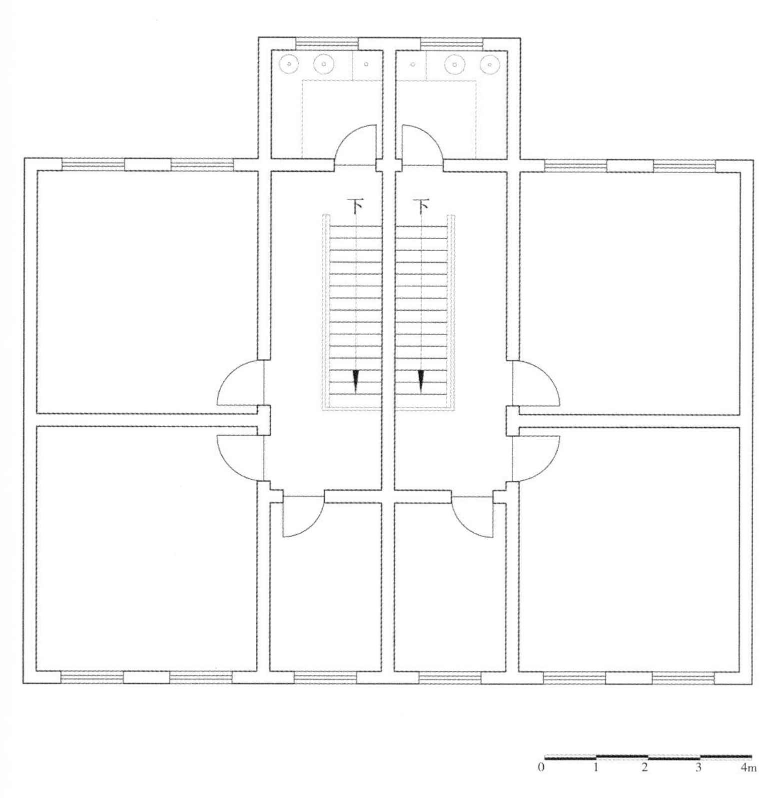

图9-26　11#楼、13#楼二层平面图

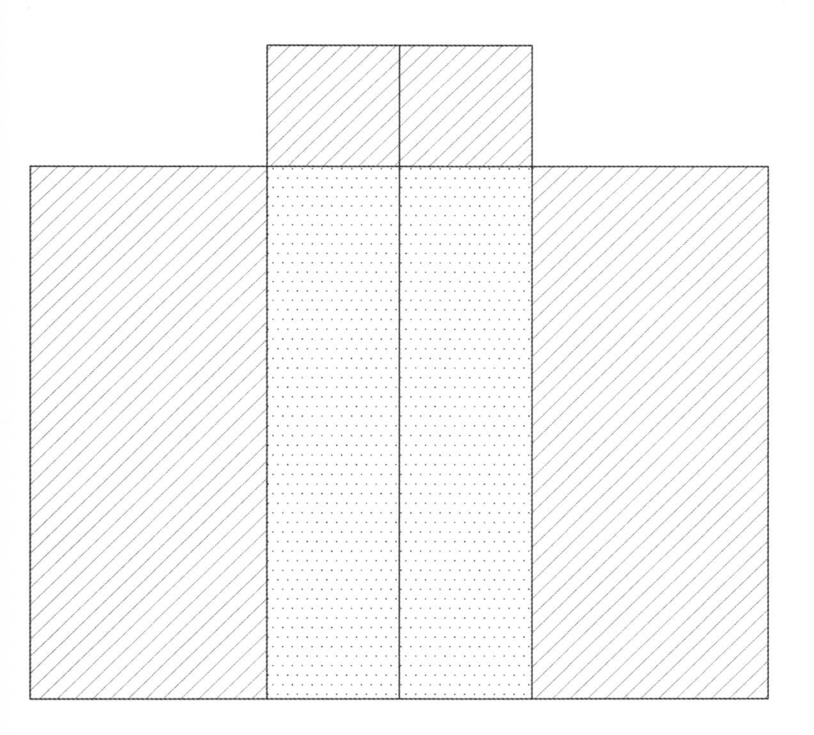

图9-27　公共空间与私密空间

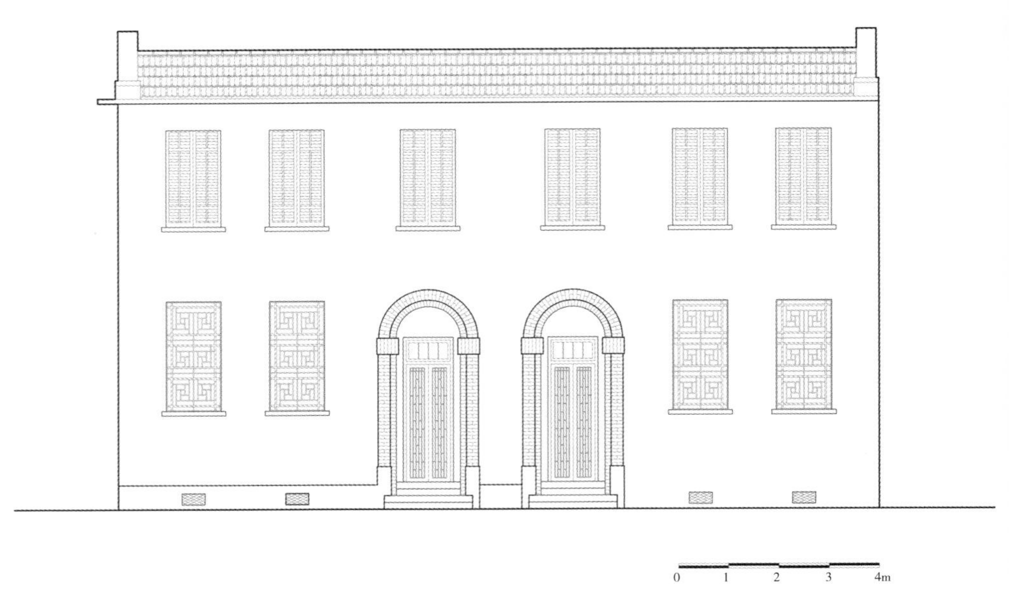

图9-28　11#楼、13#楼正立面图

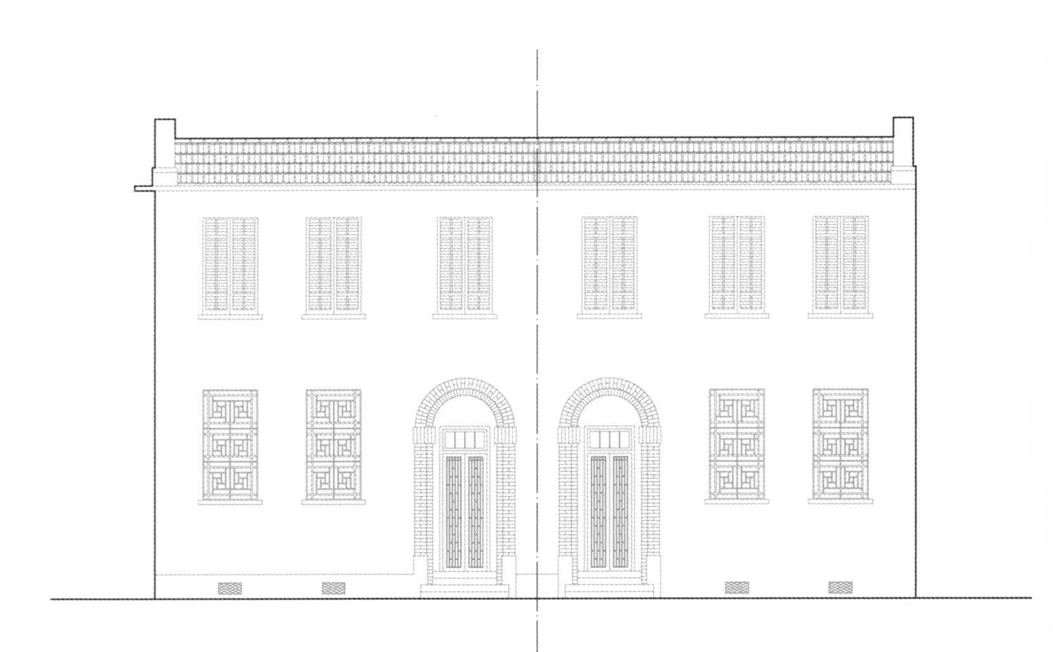

图9-29　对称与均衡

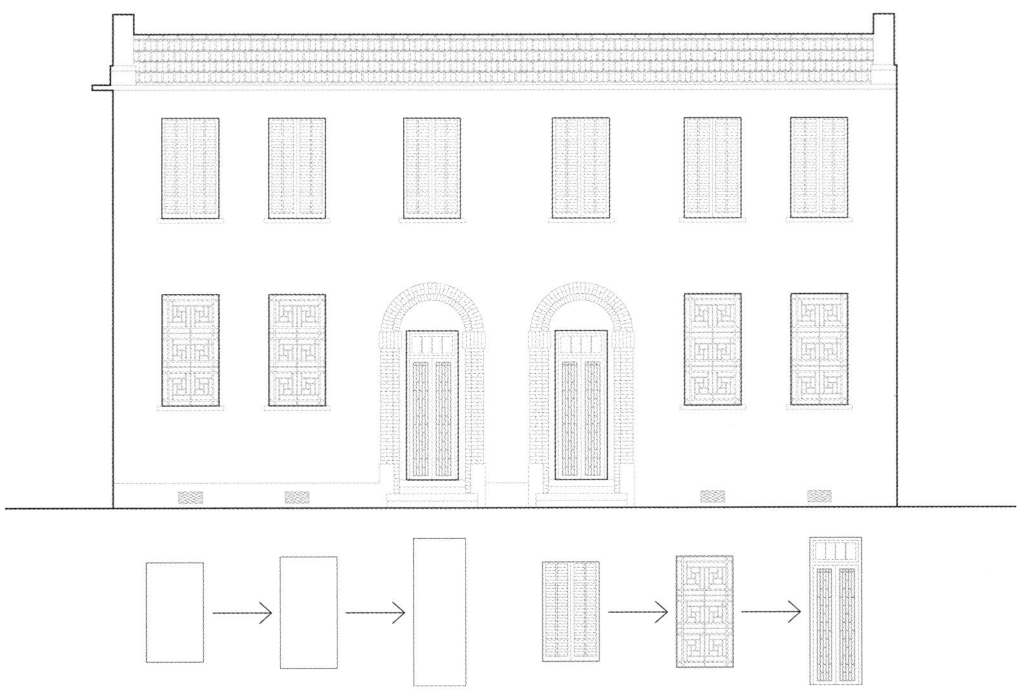

图9-30　重复与变化

图9-31　立面凹凸

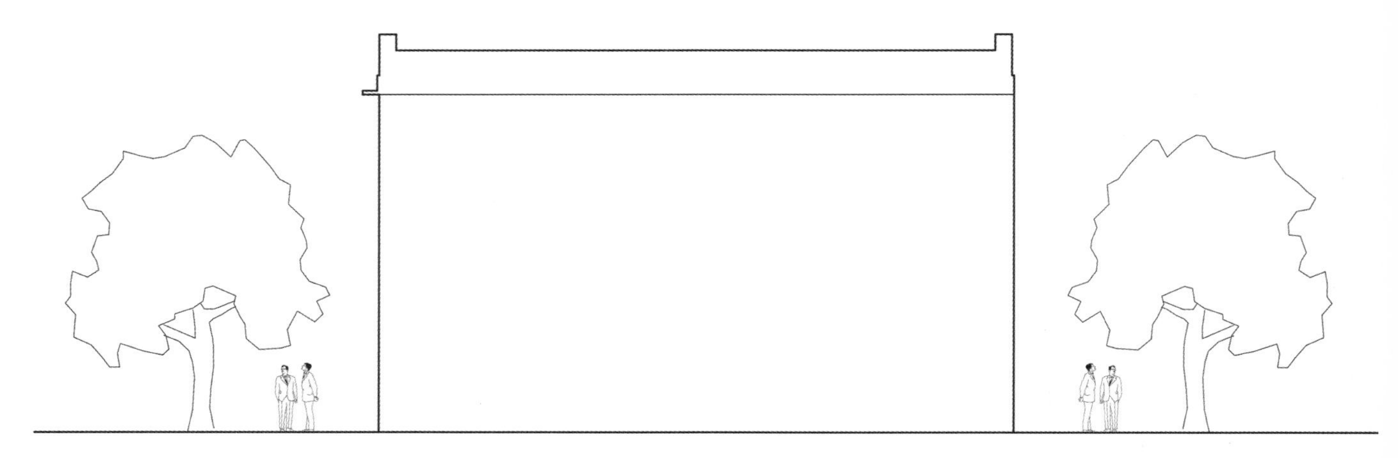

图9-32　建筑体量

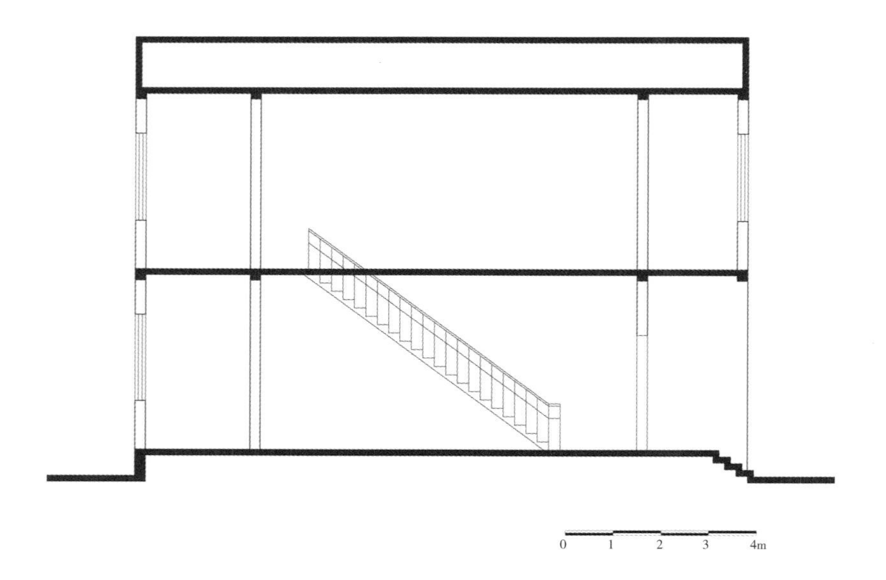

图9-33　11#楼、13#楼2—2剖面图

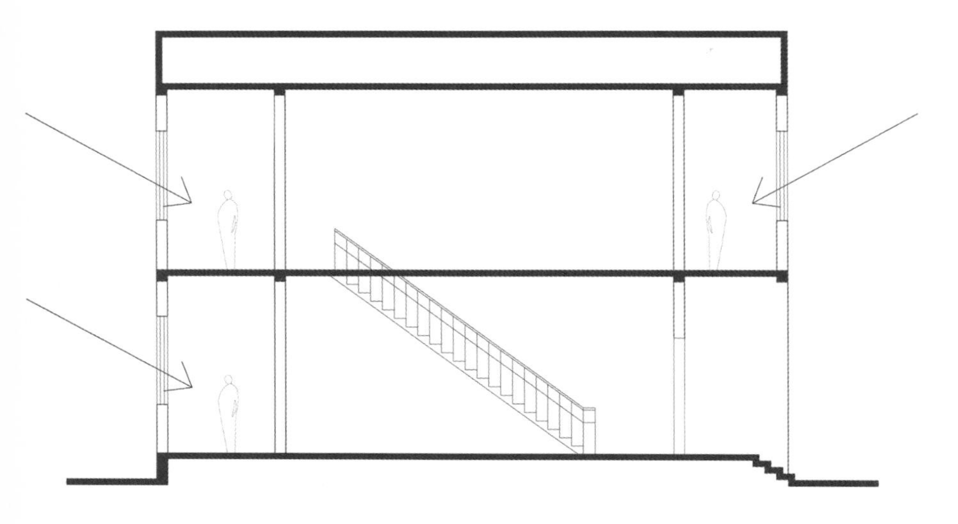

图9-34 采光分析

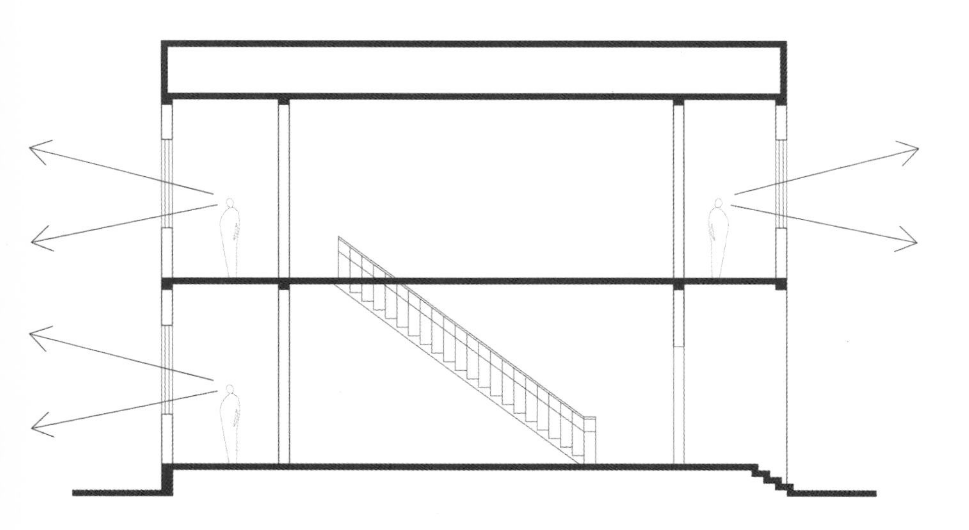

图9-35 视线分析

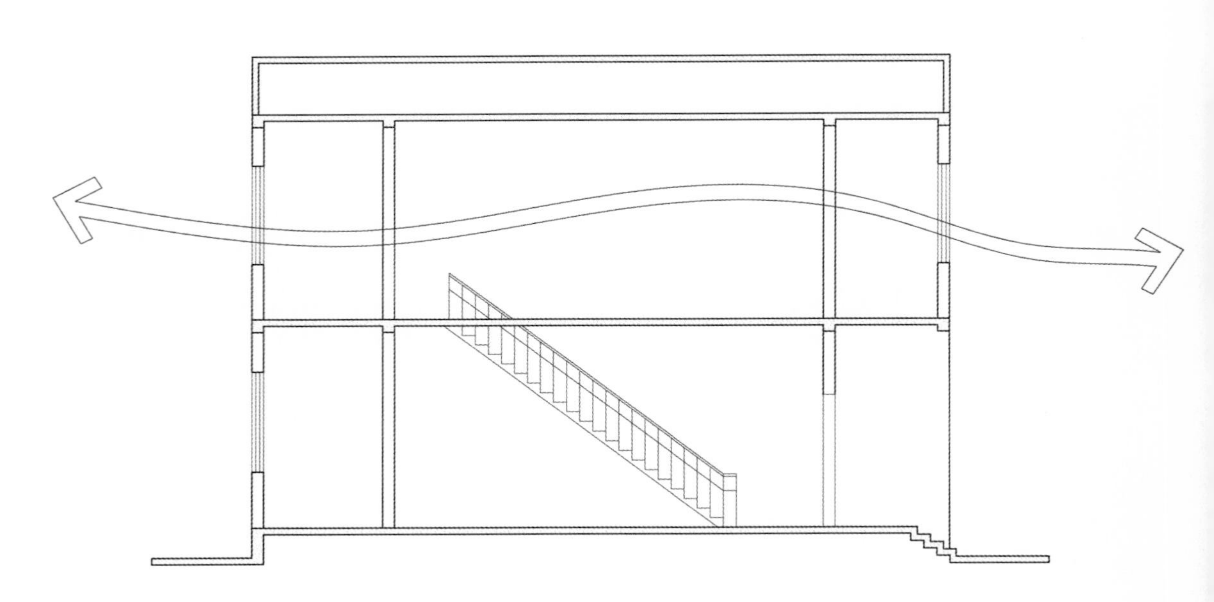

图9-36　通风分析

10
第十章

第十章 黄陂一里、黄陂二里

黄陂一里、黄陂二里位于汉口黎黄陂路段，其总平面布局吸收欧洲并联式住宅的毗连形式，为了充分利用地段，采取了十分紧凑的布局，显得较为拥挤。黄陂一里原名“协和里”，总体布局为主巷型，巷口为过街楼，主巷与城市街道相接，两侧为住宅。黄陂二里建成于1937年，原名“三合里”“韶山二里”，总体布局为主次巷型，入口是一主巷，而后分为两个次巷。

第一节 历史沿革

黄陂二里历史沿革

时 间	事 件
1920年	初步形成，初名“三合里”，据说由三家共同出资兴建。
1967年	改名为韶山二里
1972年	改名为黄陂二里
2006年	入选“武汉市优秀历史建筑”

第二节 建筑概览

黄陂一里、黄陂二里住宅建筑特点体现着“共生”文化的印记与东西方文化碰撞交融，如集合式住宅模式与四合院（还有南方的天井庭院）模式共存，混凝土门雕饰与传统砖墙共存等。黄陂一里、黄陂二里的外观装修均为西洋形式，主要表现在立面的柱头（黄陂一里）、门、百叶窗、砖券、栏杆、楼梯、牛腿（黄陂二里）等部位，是“中西方建筑文化交融”的标本。

黄陂一里的里分口是过街楼，既可增加有效使用面积，也可增加巷口的尺度，增强其标志性。黄陂一里、黄陂二里建筑为两、三层砖木结构，基本为单元组合形式，内部结构紧凑；每个小单元设有单独的厨房、厕所、客厅、卧室；外部砖墙承重，内部木楼板，木梁结构楼梯，木质家具。由于武汉冬季较冷，所以很多建筑内部设有壁炉（现大都被拆除）。

黄陂一里、黄陂二里照片详见图10-1~图10-18所示。

图10-1　黄陂一里鸟瞰图

图10-2　黄陂一里过街楼

图10-3　黄陂一里主巷空间

图10-4　黄陂一里建筑细部

图10-5　黄陂一里窗细部

图10-6　黄陂一里门细部

图10-7　黄陂一里柱头细部

图10-9　黄陂二里主巷空间

图10-8　黄陂二里鸟瞰图

图10-10　黄陂二里建筑单体入口

图10-11　黄陂二里建筑透视（1）

图10-12　黄陂二里建筑透视（2）

图10-13　黄陂二里窗细部

图10–14　黄陂二里楼梯

图10–15　黄陂二里砖券细部

图10–16　黄陂二里入户门细部（1）

图10–17　黄陂二里入户门细部（2）

图10–18　黄陂二里石阶细部

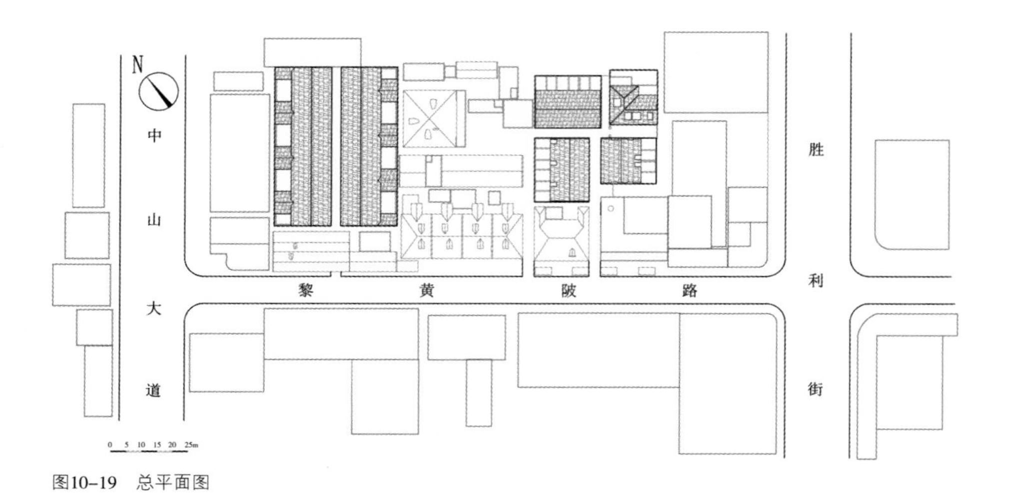

图10-19　总平面图

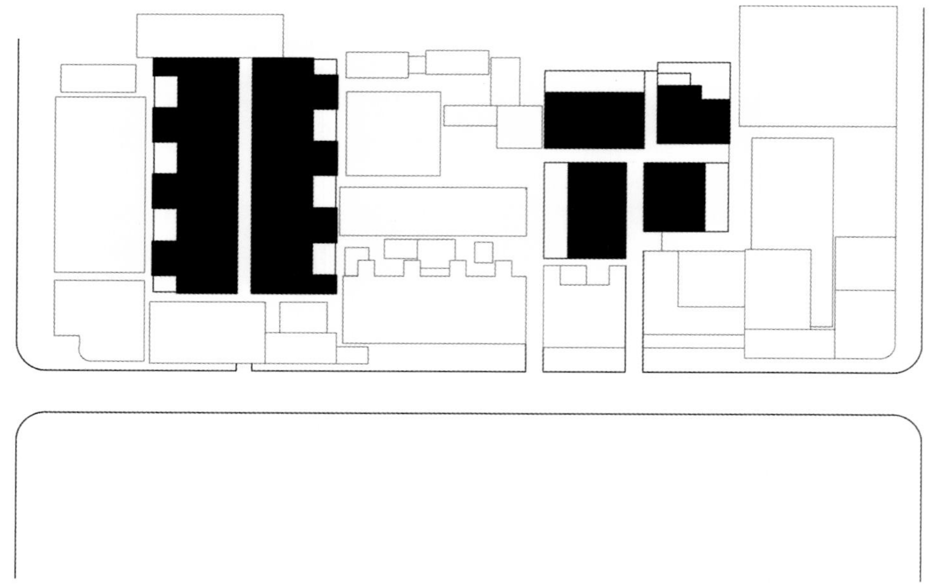
图10-20　主巷型布局

第三节　技术图则

依据建筑实测图纸，部分辅以三维建模，用技术图则方式解析黄陂一里、黄陂二里建筑的环境布局、平面布置、功能流线、围护结构、采光及通风等规划建筑诸元素。

黄陂一里、黄陂二里技术图则详见图10-19~图10-59所示。

◆　为了充分利用地段，总平面布局吸收欧洲并联式住宅的毗连形式，布局十分紧凑。

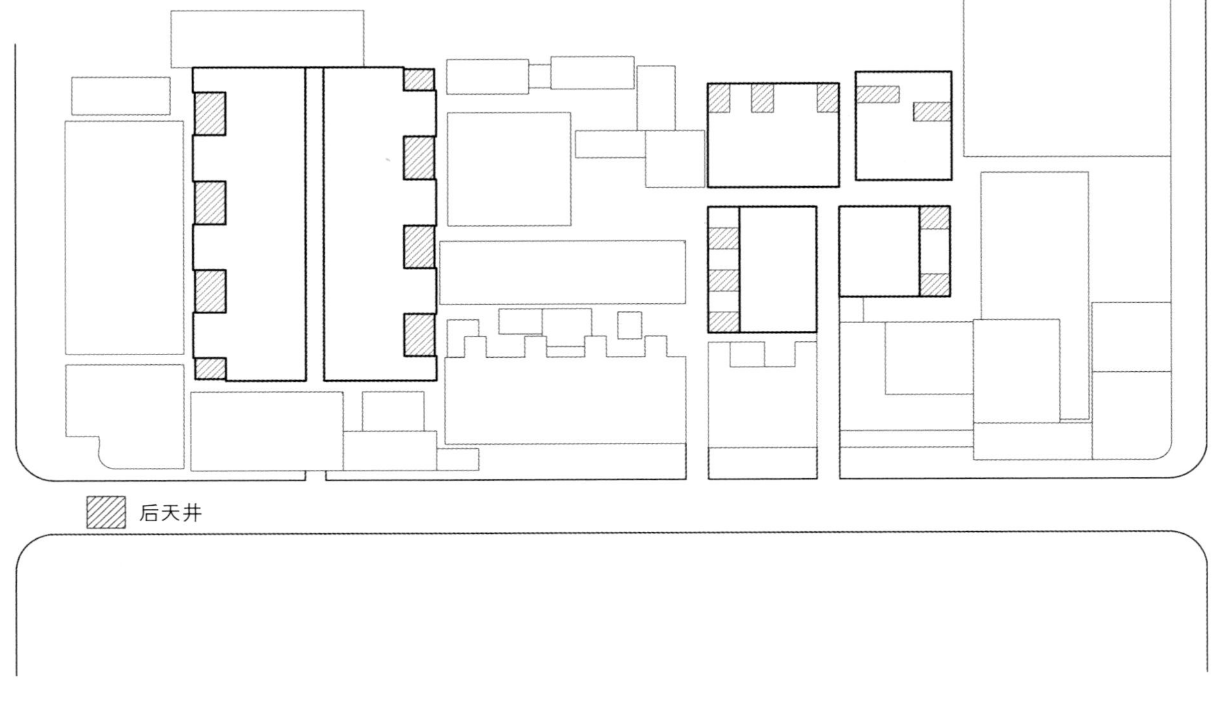

图10-21　天井分布

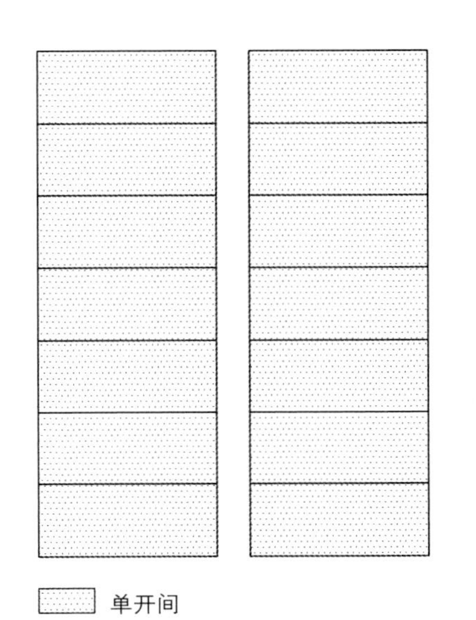

图10-22　黄陂一里户型分布

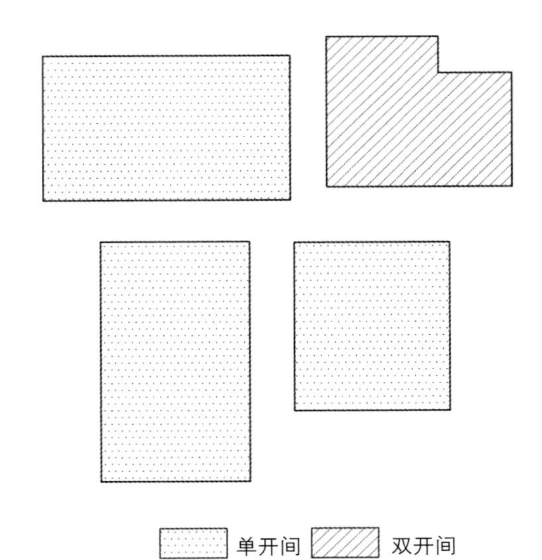

图10-23　黄陂二里户型分布

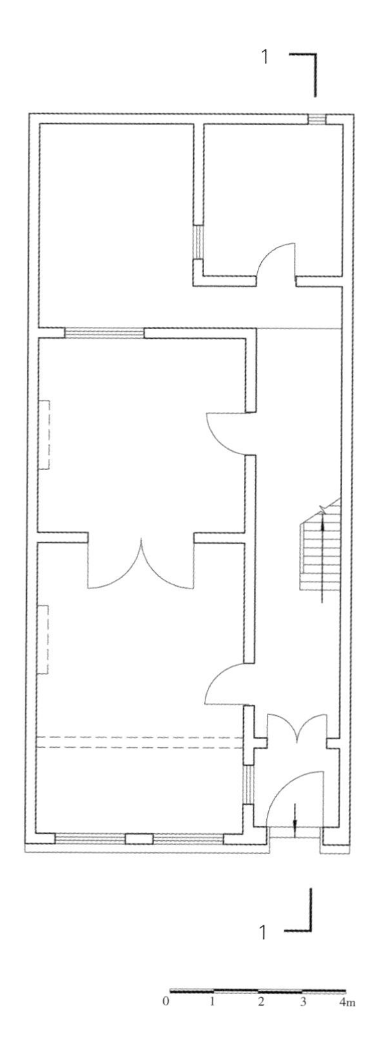

图10-24　黄陂一里建筑一层平面图

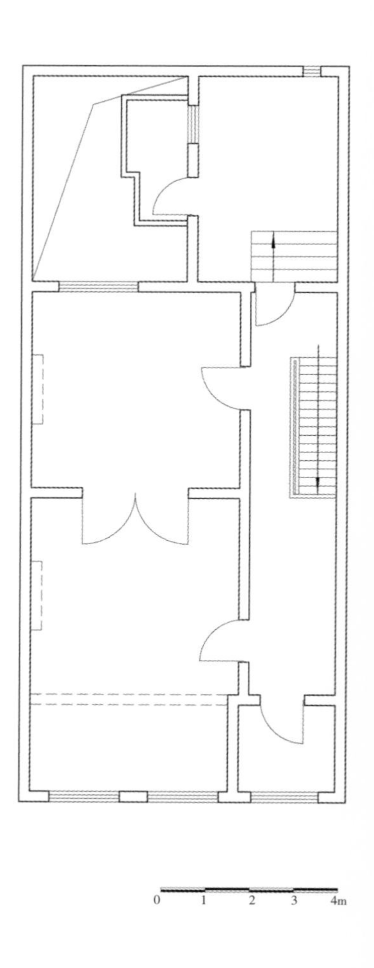

图10-25　黄陂一里建筑二层平面图

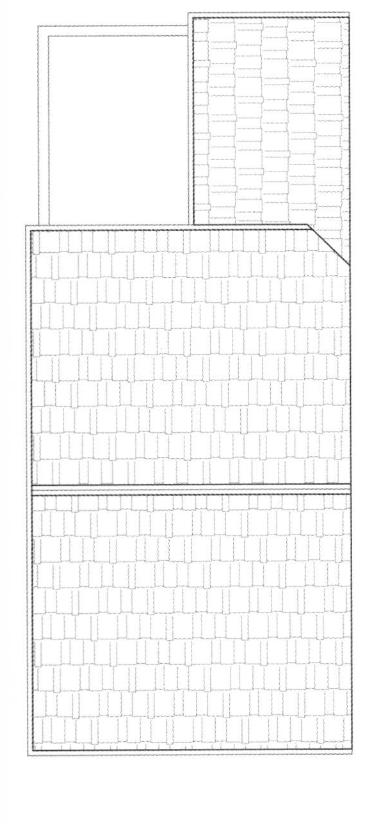

图10–26　黄陂一里建筑屋顶平面图

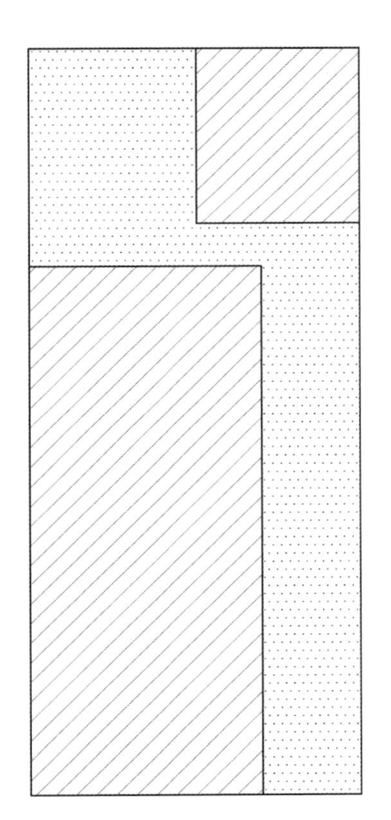

图10–27　公共空间与私密空间

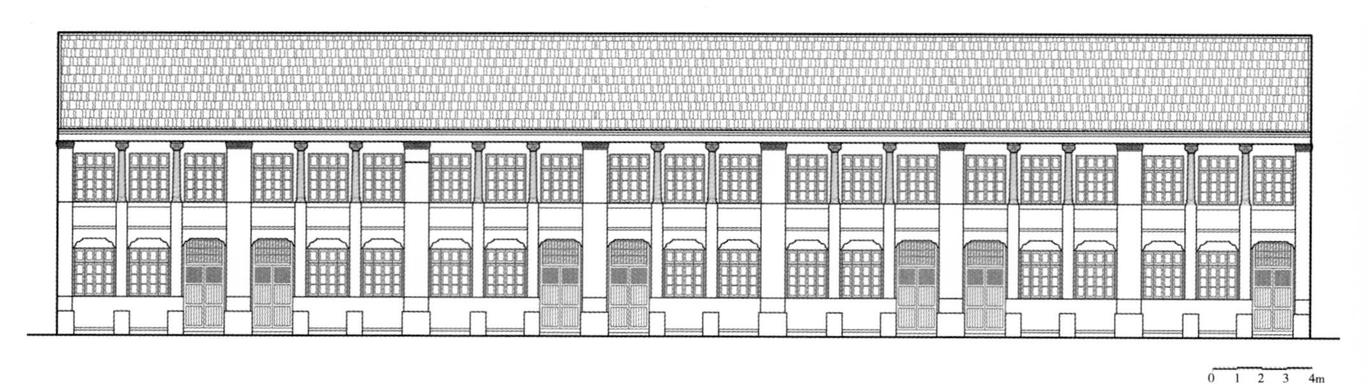

图10-28　黄陂一里建筑整体立面图

图10-29　黄陂一里单体立面图

图10-30　对称与均衡

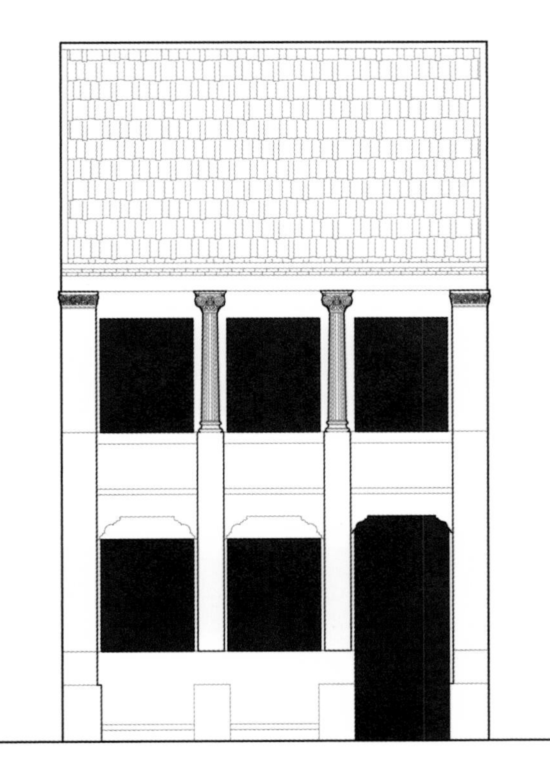

图10-31　立面凹凸

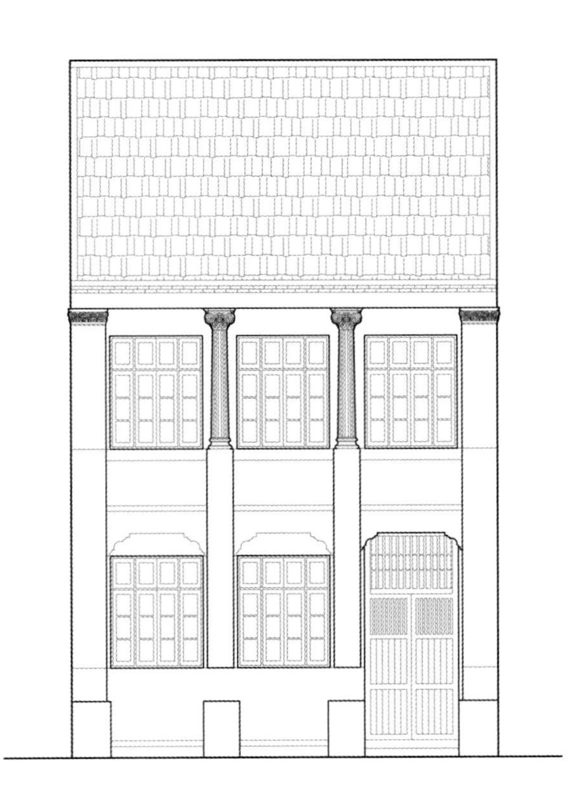

图10-32　韵律

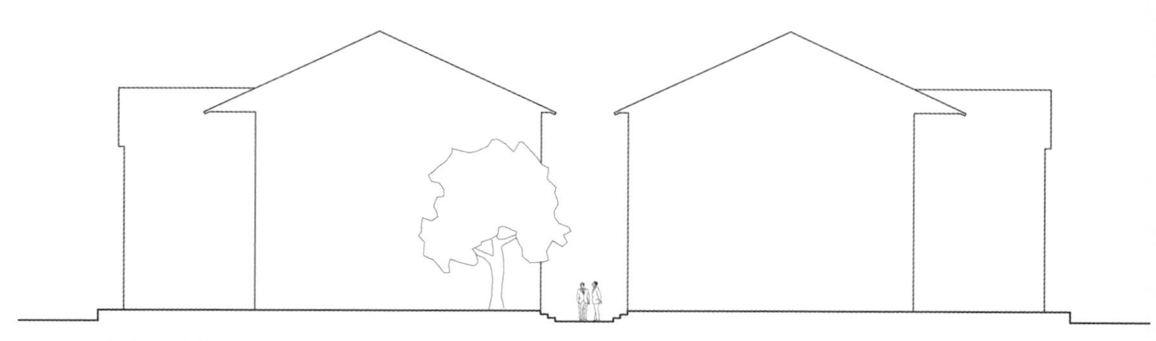

图10-33　黄陂一里街巷空间

图10-34　黄陂一里建筑剖面图

图10-35　视线分析

图10-36　采光分析

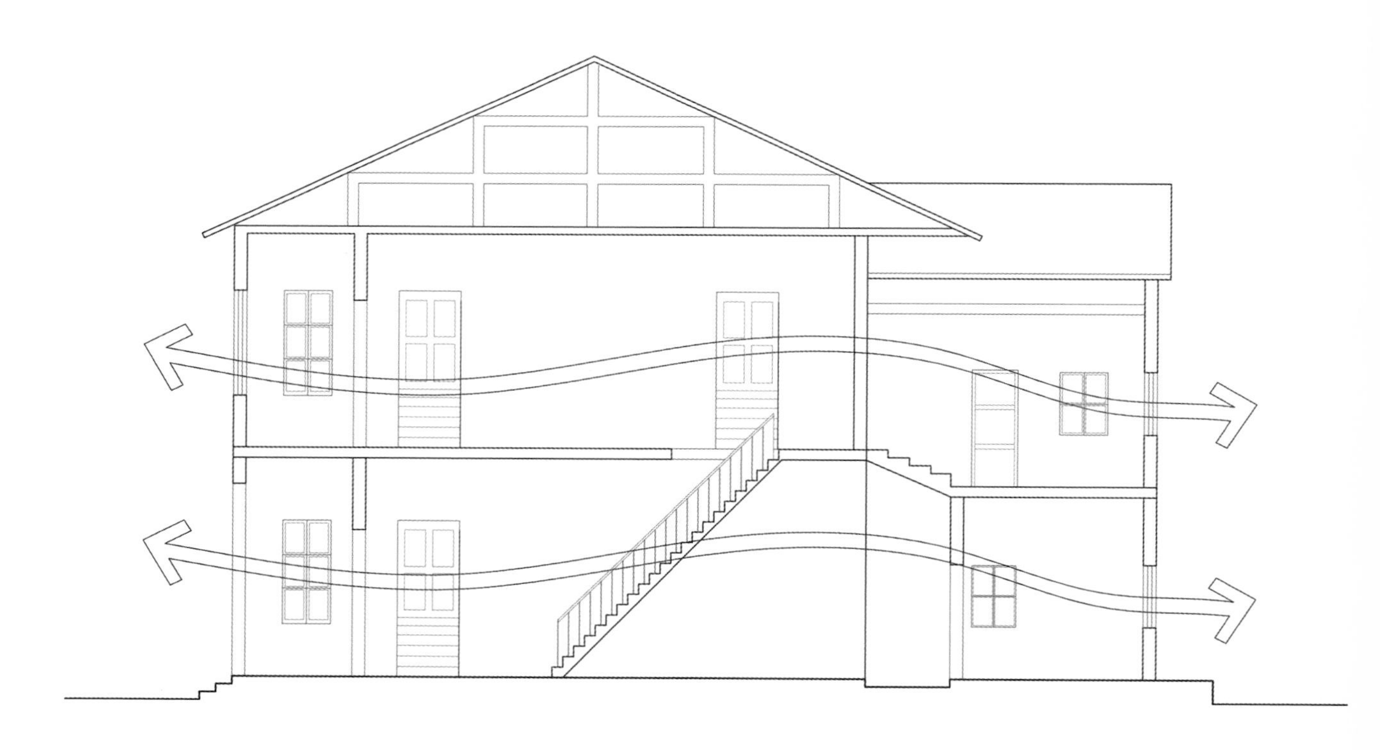

图10-37　通风分析

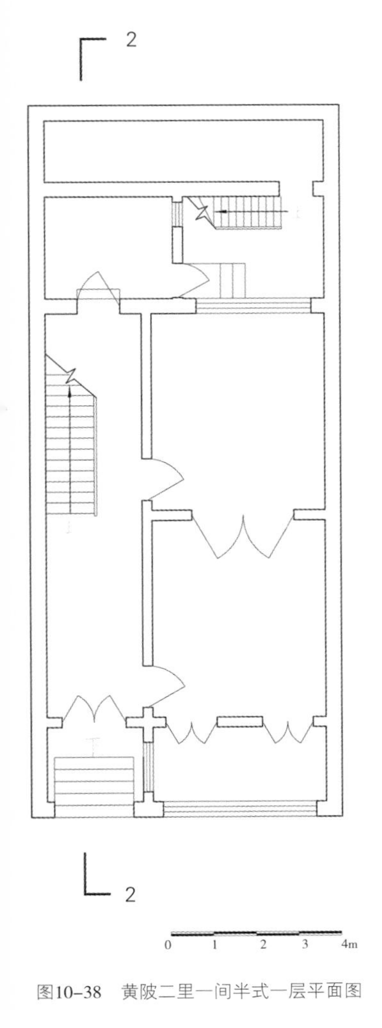

图10-38　黄陂二里一间半式一层平面图

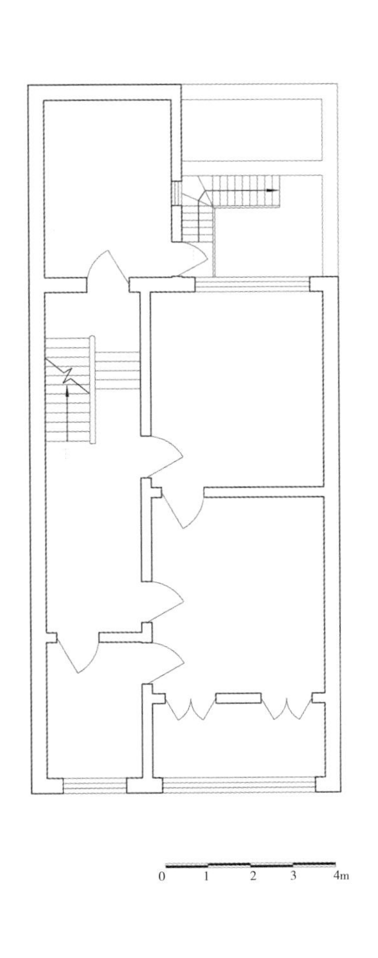

图10-39　黄陂二里一间半式二层平面图

图10-40　公共空间与私密空间

图10–41　黄陂二里一间半式立面图

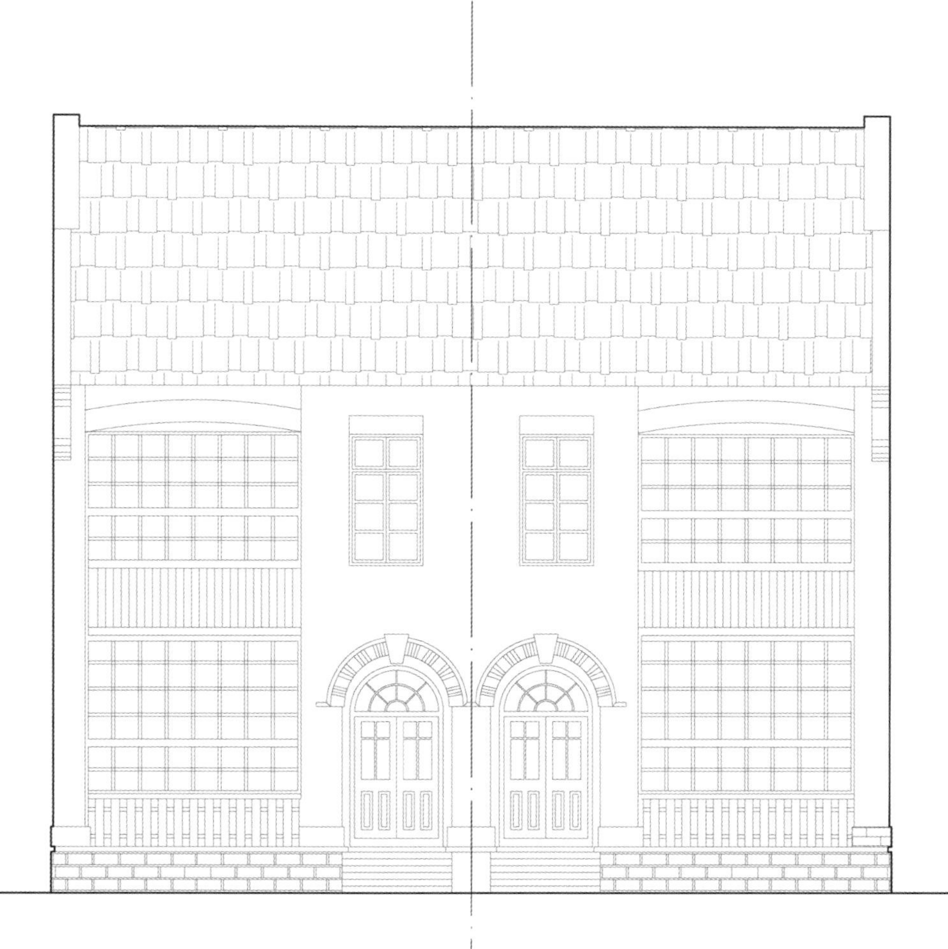

图10–42　对称与均衡

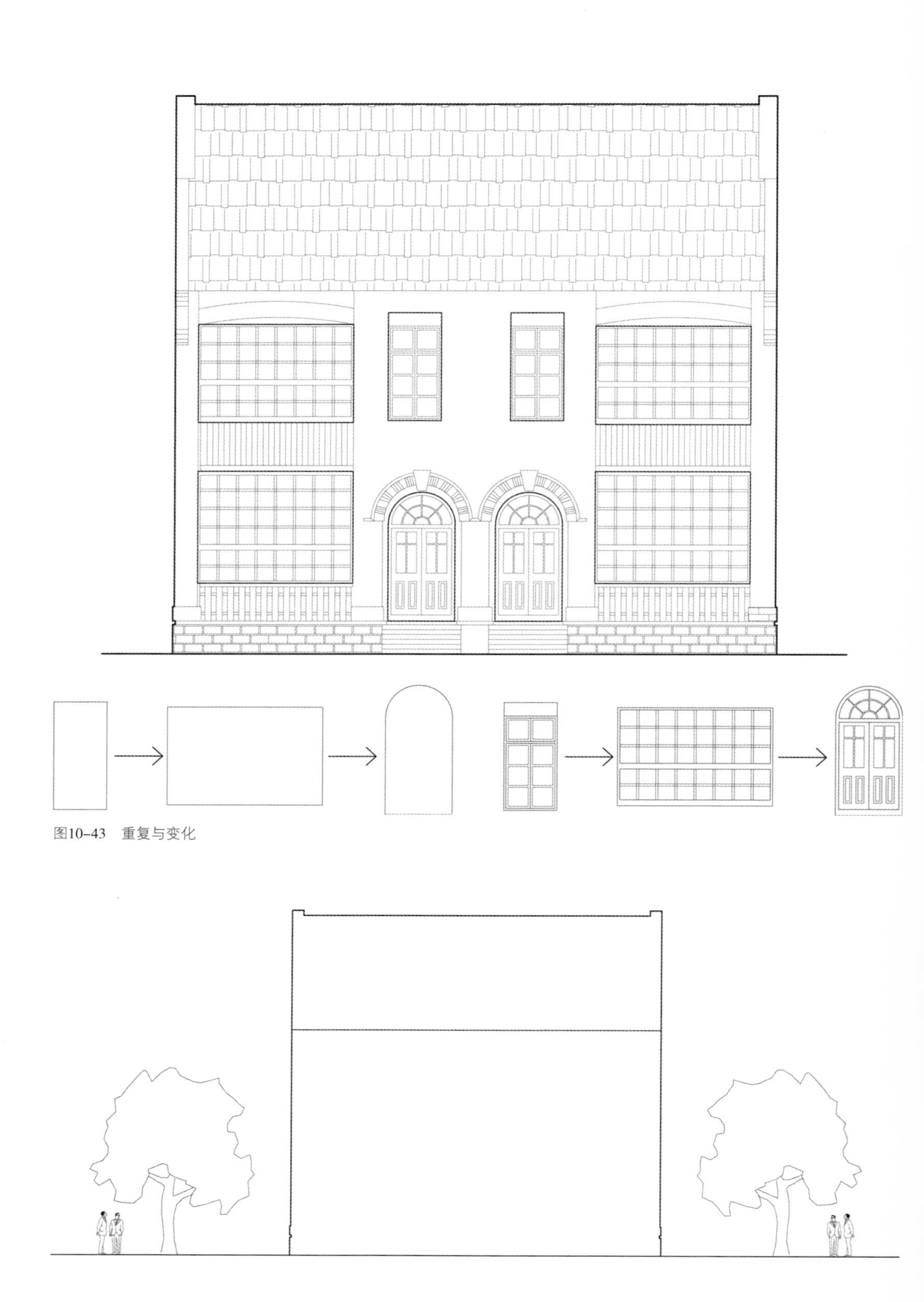

图10–43　重复与变化

图10–44　建筑体量

图10-45　立面凹凸

图10-46　黄陂二里一间半式剖面图

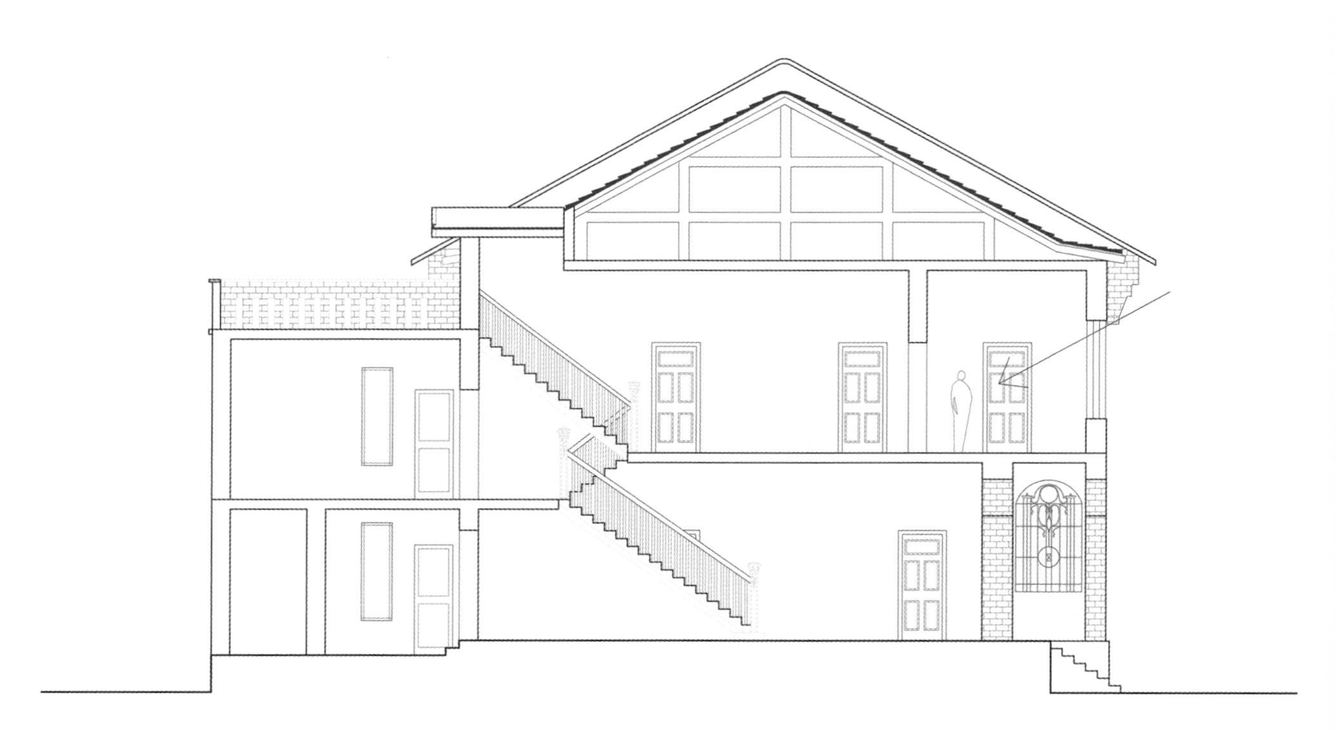

图10-47　采光分析

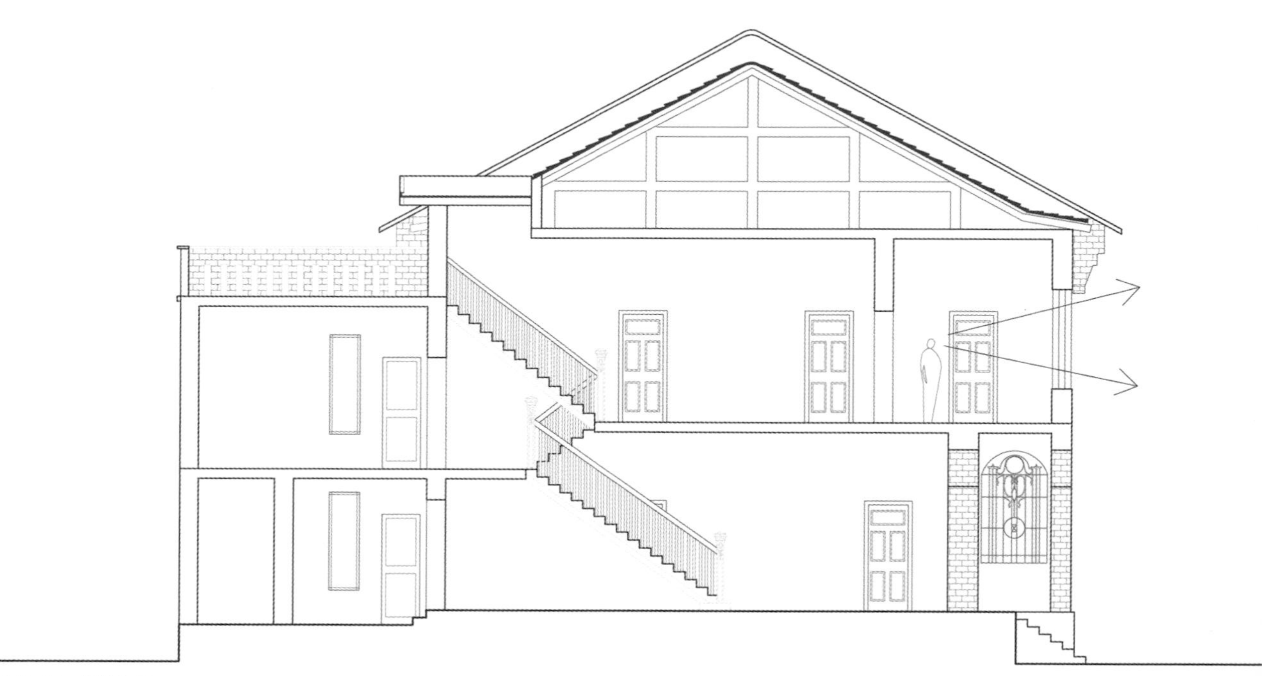

图10-48　视线分析

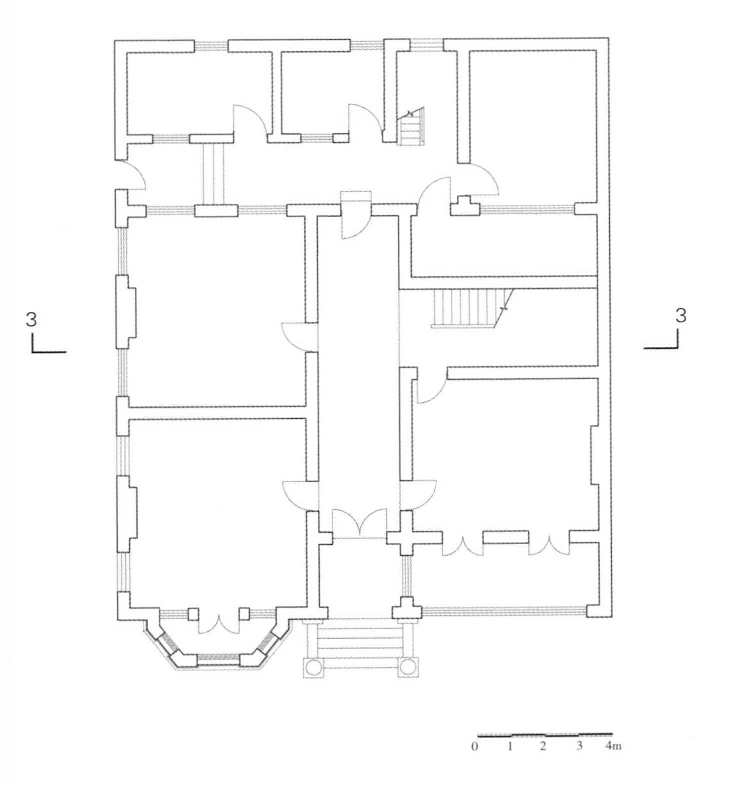

图10-49　黄陂二里两间半式一层平面图

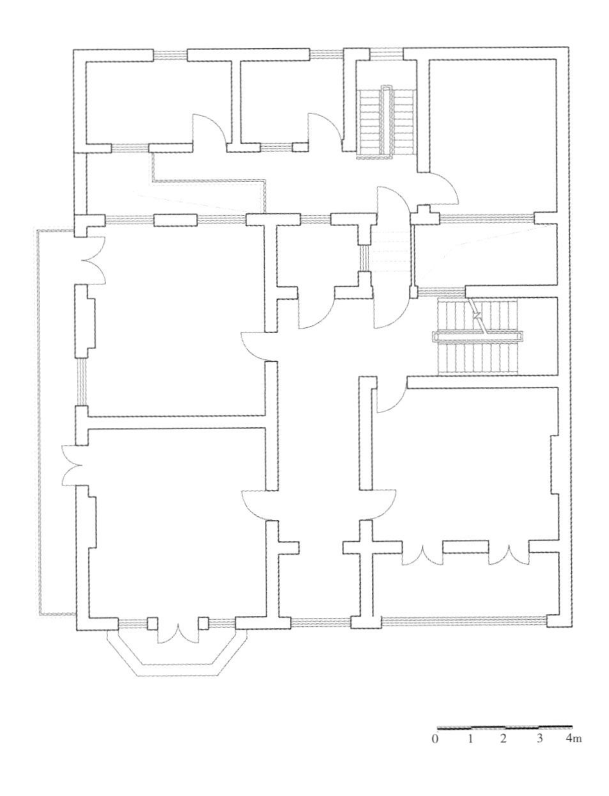

图10-50　黄陂二里两间半式二层平面图

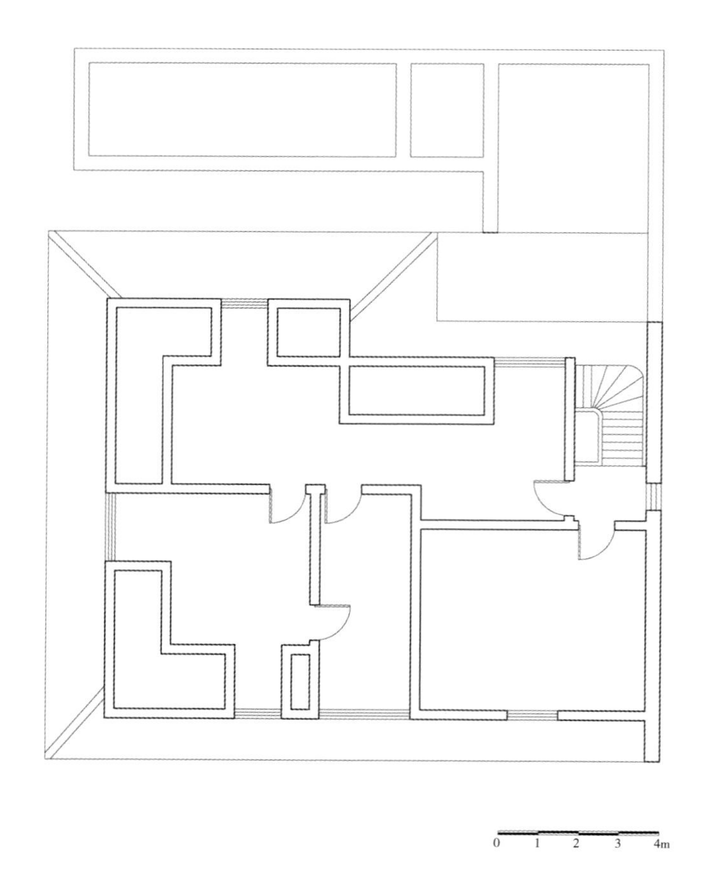

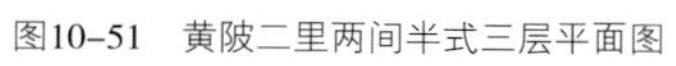

图10-51　黄陂二里两间半式三层平面图

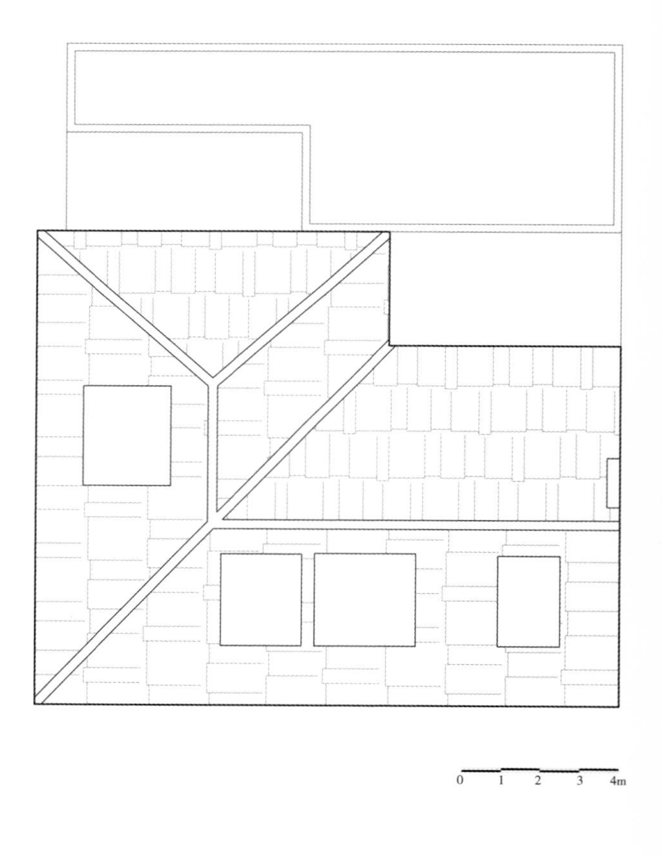

图10-52　黄陂二里两间半式屋顶平面图

图10–53　公共空间与私密空间

◆ 建筑屋面为坡屋顶，坡屋面多为出檐，坡势陡，覆盖面积较建筑面积大，瓦片为红平瓦。墙面多有粉刷花饰、刻石花饰的腰线及檐口线、基座线，将西方建筑艺术造型融入住宅装饰中。

图10-54　黄陂二里两间半式正立面

图10-55　黄陂二里两间半式侧立面

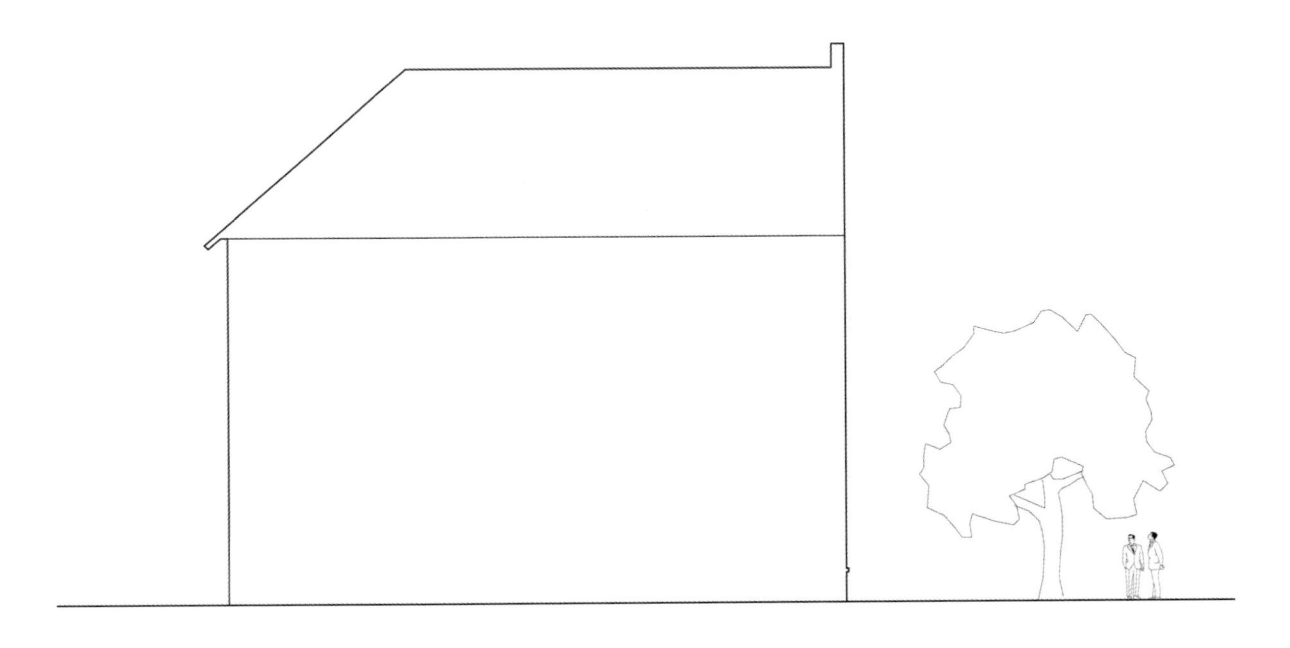

图10-56　建筑体量

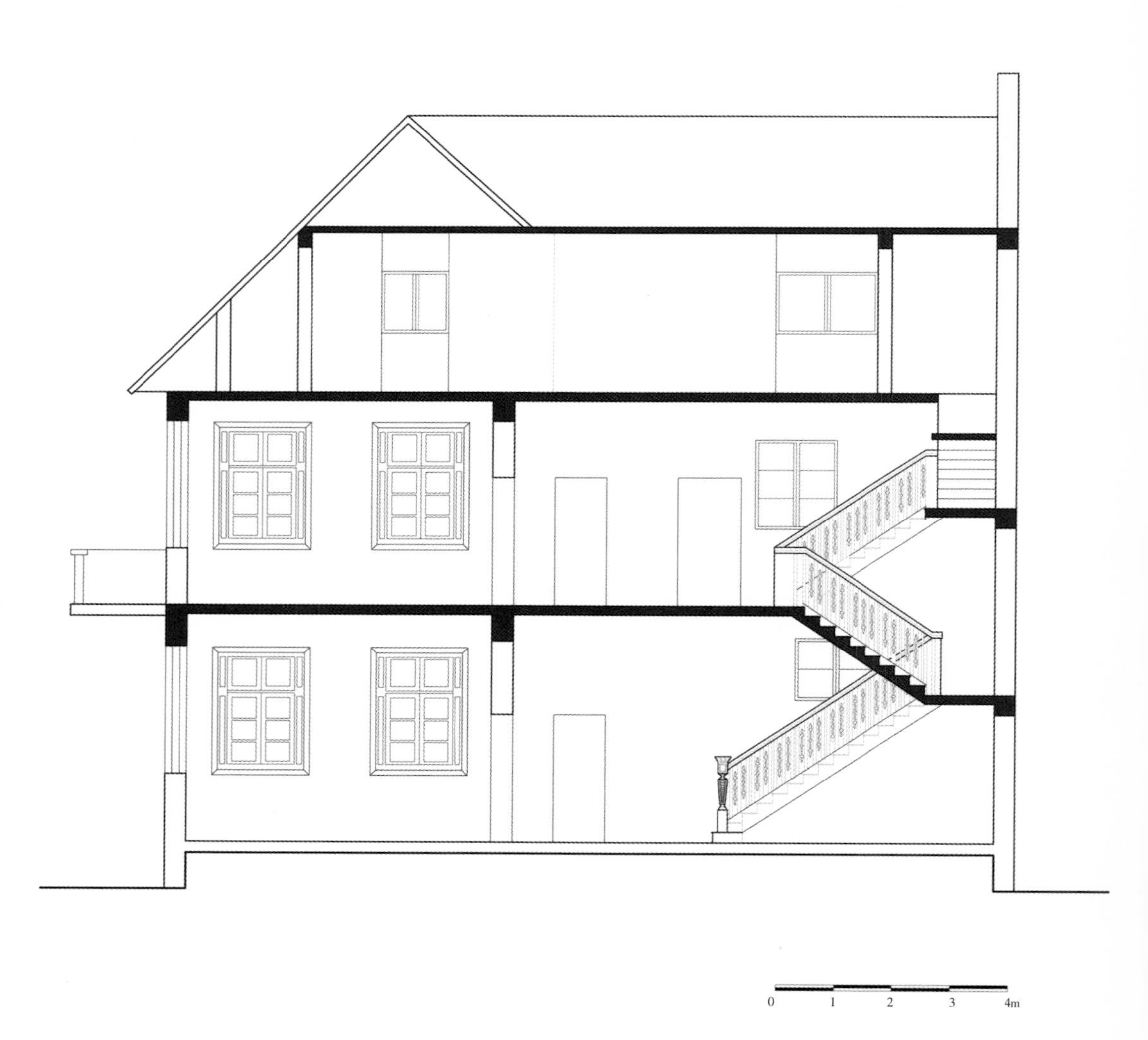

图10–57　黄陂二里两间半式剖面图

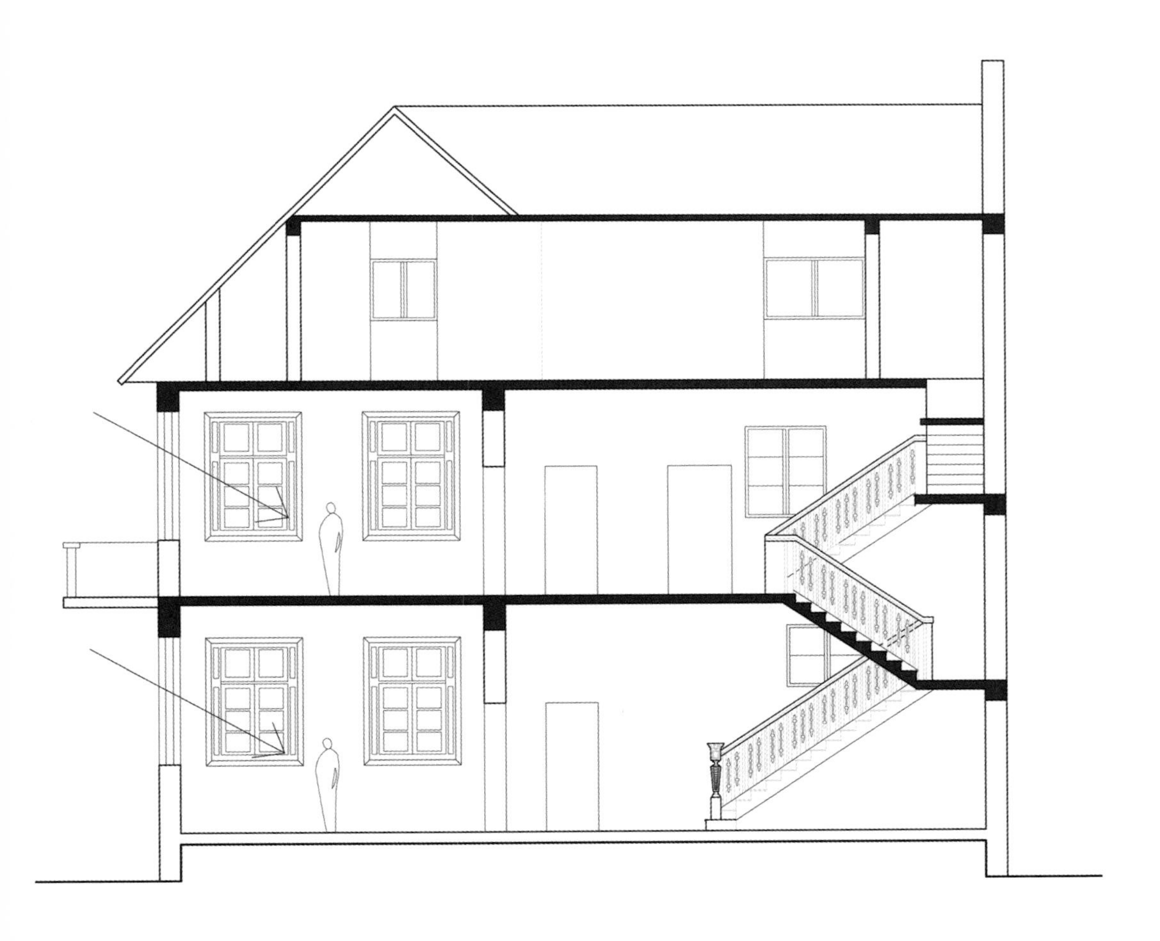

图10-58　采光分析

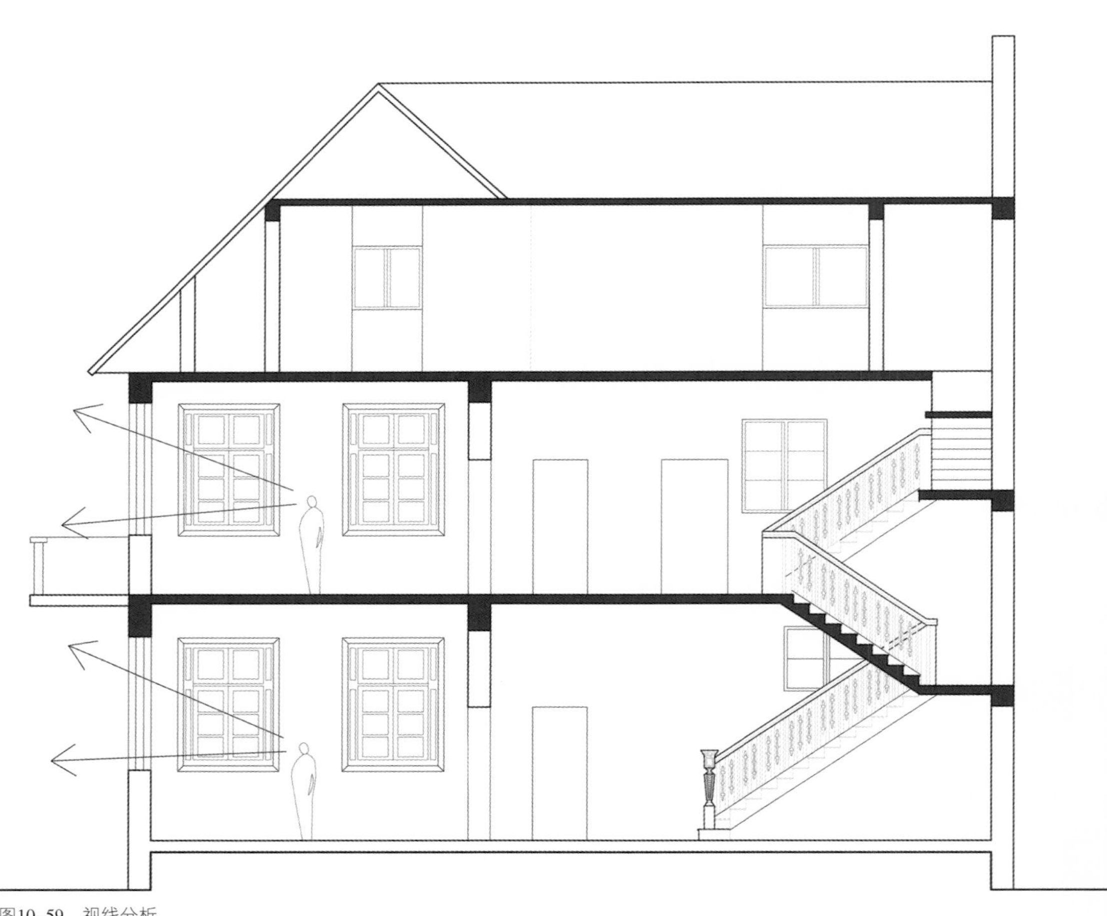

图10-59　视线分析

附录：武汉近代里分建筑年表

图例	名称	地理位置	说明	年代
	三德里	汉口中山大道北侧，车站街东侧	由刘氏三兄弟合资建房成里，网格型布局，红瓦坡顶，排列整齐，是武汉现存最完好、历史最悠久的里分建筑	1901年
	泰兴里	汉口胜利街与洞庭街之间	由白俄茶商在法租界地段投资建设，主巷型布局，每栋住宅前有独立前院，红瓦屋顶建筑被低矮院墙围绕，半拱圆窗，有明显的殖民地式建筑风格	1907年
	坤厚里	汉口一元路与一元小路之间	由德商爵记洋行建房成里，网格型布局，大部分为两层小楼联排布置，主巷口采用过街楼形式	1912年
	平安里	汉口友益街，东临新华里，南侧为黄兴路	由天主教委托义品洋行代建，基地形状不规则，采用多套主次巷体系灵活布置	1913年

图例	名称	地理位置	说明	年代
	新华里	汉口中山大道中段西北侧，黄兴路北段	由不同业主分期购地建设而成，前期没有完善的用地规划，空间布局较灵活	1925年
	延庆里	汉口中山大道东侧，三阳路南侧	延庆里、四美里通过一条过街走廊相连。延庆里为延姓商人所筑，主巷型布局，充分利用地段紧凑布局，装饰简洁大方	1933年
	四美里	汉口中山大道东侧，三阳路南侧	四美里为德租界内四明银行投资兴建，主巷型布局，装饰稍复杂	1920年
	上海村	汉口胜利街与江汉路交汇处	高等里分建筑，由英国建筑师弗兰克・贝恩斯设计，商人李鼎安改建成里分式建筑群。主次巷型布局，主巷窄，次巷宽，是传统石库门式住宅向新式里分住宅转型时期的过渡里分建筑	1923年

图例	名称	地理位置	说明	年代
	同兴里	汉口胜利街与洞庭街之间	由义品洋行设计，武昌协成土木建筑厂、永茂隆营造厂承建。主巷型布局，建筑平面灵活，形态各异。建筑装饰以西式为主，结合中国传统手法	1928年
	江汉村	西临上海村，由江汉路、上海路、洞庭街、鄱阳街围合而成	卢镛标建筑事务所樊文玉工程师设计，明昌裕建筑公司，李丽记、康生记营造厂施工。主巷型布局，形式简洁明快，巷口采用牌坊式，单体平面形式多样，整体属现代风格	1937年
	黄陂二里	汉口黄陂路段	主次巷型布局，西式装饰风格，体现了东西方文化的碰撞交融	1937年

参考文献

1. 汉口租界志编纂委员会. 汉口租界志. 汉口租界志[M]. 武汉：武汉出版社，2013.
2. 李百浩. 湖北近代建筑[M]. 北京：中国建筑工业出版社，2005.
3. 胡榴明. 三镇风情·武汉百年建筑经典[M]. 北京：中国建筑工业出版社，2011.
4. 涂勇. 武汉历史建筑要览[M]. 武汉：湖北人民出版社，2002.
5. 潘谷西. 中国建筑史[M]. 6版. 北京：中国建筑工业出版社，2009.
6. 李权时，皮明庥. 武汉通览[M]. 武汉：武汉出版社，1988.
7. 李百浩，徐宇甦，吴凌. 武汉近代里分建筑研究[J]. 华中建筑，2000.
8. 蓝宾亮. 武汉房地志[M]. 武汉：武汉大学出版社，1996.
9. 陈嘉璇，姜梅. 武汉法租界三德里社区公馆空间初探[J]. 华中建筑，2014.
10. 王瞻宁. 尊重历史城市的文化生态——由武汉民国时期民居研究探寻历史城市建筑保护之道[J]. 四川建筑科学研究，2006.
11. 常芳. 武汉里分的历史情结与保护[J]. 武汉科技学院学报，2004.